中公新書 2710

小谷 賢著

日本インテリジェンス史

旧日本軍から公安、内調、NSCまで

中央公論新社刊

まえがき

本書は戦後日本のインテリジェンス・コミュニティ（情報を扱う行政組織や機関を包括する総称）の変遷を、終戦直後から現在まで辿って考察していくものである。インテリジェンスとは情報のことを意味するが、どちらかというと機密や諜報の語感に近い。つまりただの情報（インフォメーション）ではなく、分析・評価された、国家の政策決定や危機管理のための情報こそがインテリジェンスということになる。

内閣情報分析官を務めた小林良樹の定義によると、インテリジェンスの機能とは国家安全保障に寄与し、政策決定を支援することだ。これは国家安全保障のみならず、外交、経済や公安分野まで範囲を広げてもよいだろう。

インテリジェンスは国家の政策や軍事作戦を左右し、それらの在り方に影響を与える。内閣情報官や国家安全保障局長を務めた北村滋は、「インテリジェンスほど、国家作用に激烈な影響を及ぼすものはない。なぜならば一片の紙切れに記載された情報が、重大な国策の決定を左右し、それに基づき大規模な部隊の運用や行政の執行がなされるからである。その意味で、個人の技量によりこれほど大きな影響を国政に与えるものは無い」と評価している。[1]例えば2003年にはイラクの大量破壊兵器に関する誤った情報によって、米英を始めとする有志連合国はイラクに宣戦布告を行い、2013年には秘密裏に得たインテリジェンスに基づいて、英国政府はシリアへの空爆を決定した（後に議会で決定は白紙にされている）。

　では日本のインテリジェンス組織は、いかなる組織であろうか。まず日本の場合、諸外国のそれとはやや異なっていることに注意が必要である。諸外国においてインテリジェンス機関は政治指導者に直結し、その決定を支援することが目的となっているが、日本では各省庁の行政事務遂行のために情報収集を行うことが長らく一般的だった。外務省なら外交政策のため、防衛省・自衛隊なら防衛政策のため、警察なら犯罪捜査や公共の安全のため、といった具合だ。基本的には自分の組織内で使用するための情報を収集しており、各省庁とも「政治指導者のために」情報収集を行っている意識は希薄である。

　そのため、サイバー分野や経済安全保障といった新たな領域で情報収集が求められる場合、各省庁はその所掌（しょしょう）事務の範囲でしか情報を収集することができず、カバーできない領域が多くなる。唯一、内閣官房の内閣情報調査室（内調）のみが「内閣の重要政策のために」情報の収集を行い、総理大臣に対して定期的なブリーフィングを行っているが、こちらも諸外国の水準から見ると、本格的なインテリジェンス組織とは映らない。なぜなら内調は、そのために必要な権限を与えられていないからだ。

インテリジェンス組織としての権限とは、積極的な情報収集や政治指導者のために国家の情報を集約することであるが、内調はそのための権限が与えられてこなかった。日本はこれまで、各省庁レベルでは情報収集を行ってきたが、諸外国と比べると、その活動はかなり控え目だったのである。

現在は内閣情報調査室（Cabinet Intelligence and Research Office）のほかに、各省庁の具体的な組織として、外務省国際情報統括官組織（Intelligence and Analysis Service）、防衛省情報本部（Defense Intelligence Headquarters）、警察庁外事情報部（Foreign Affairs and Intelligence Department）、公安調査庁（Public Security Intelligence Agency）、国際テロ情報収集ユニット（International Counter-Terrorism Intelligence Collection Unit）が活動している。このように、それぞれの英語名称に「インテリジェンス」の訳語が与えられているため、以下ではこれらの組織を「インテリジェンス機関」として扱っていく（図前-1）。

本書は戦後日本のインテリジェンス・コミュニティの変遷を追いながら、75年にわたる〝秘史〟を描くものである。本書の問いは主に二つの点にある。

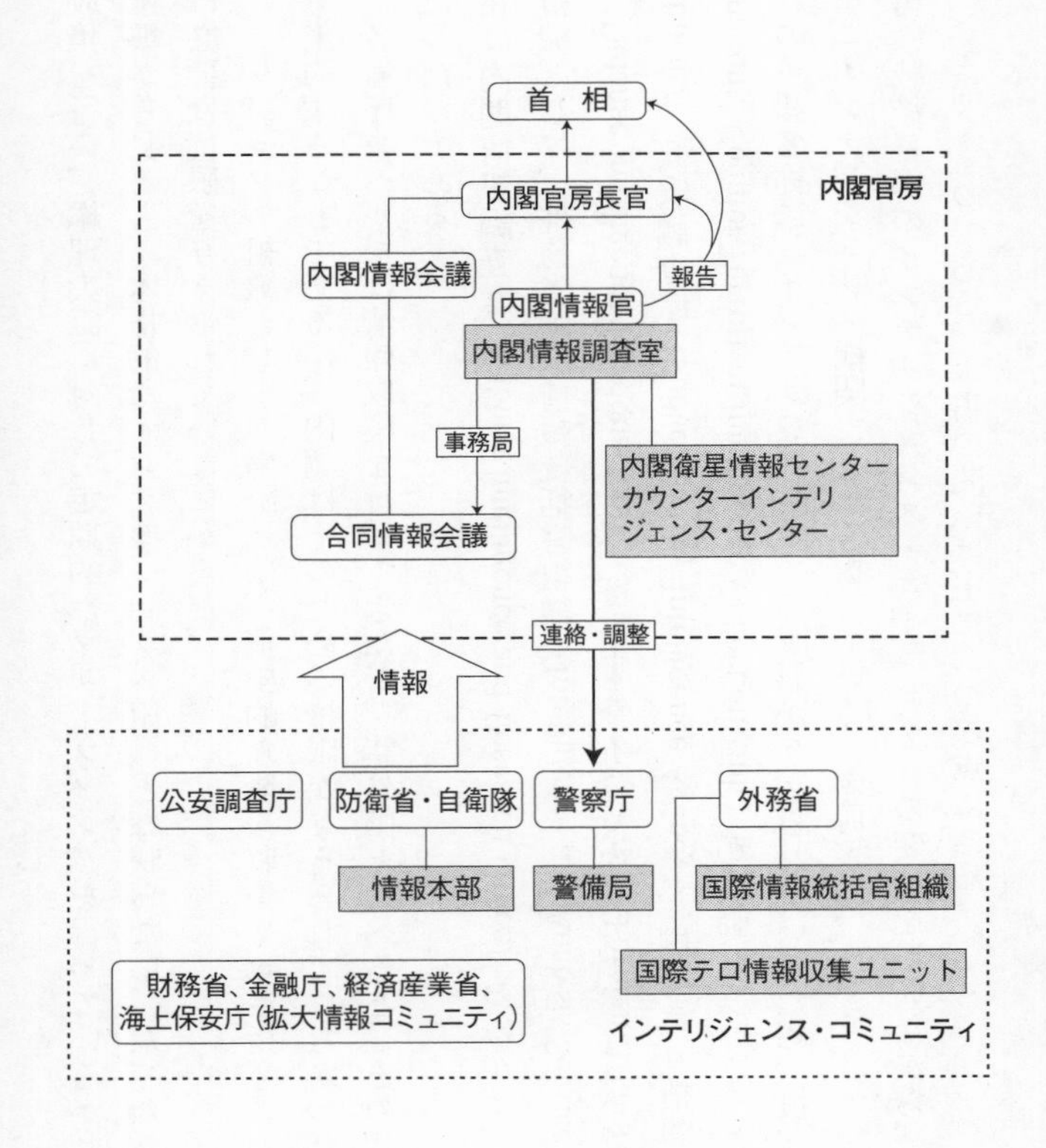

図前－1　日本のインテリジェンス機関

①なぜ日本では戦後、インテリジェンス・コミュニティが拡大せず、他国並みに発展しなかったのか

②果たして戦前の極端な縦割りの情報運用がそのまま受け継がれたのか、もしくはそれが改善されたのか

というものだ。この二点を軸に、日本のインテリジェンスが戦後の再建から統合に向かう、大きな見取り図を示したいと思う。

本書の構成は、終戦直後の占領期、吉田茂政権期、冷戦期、冷戦後、第二次安倍政権期と、時代ごとに区切られる。その焦点はコミュニティの変遷にあるが、各省庁間の組織の攻防、冷戦期のスパイ事案や通信傍受など、予備知識がない読者の方も興味を持って通読できるようになるべく多くの事例も紹介しているので、味読していただければ幸いである。

目次

凡例

・本書では読みやすさを考慮して、引用文中の漢字は原則として新字体を使用し、歴史的仮名遣いは現代のものに、また一部の漢字を平仮名に改めた。読点やルビも追加した。

・新書という性格から、引用箇所の出典表記は本文では最小限にとどめ、巻末に「注記一覧」「参考文献一覧」を付した。

・〔 〕は筆者による補足である。

・肩書、組織名などはその当時のままとした。

（本書は２０２２‐２０２４年度科学研究費基盤研究（Ｃ）「戦後日本のインテリジェンスに関わる資料収集と基礎研究」による成果の一部である）

日本インテリジェンス史

旧日本軍から公安、内調、ＮＳＣまで

序章

インテリジェンスとは何か

インテリジェンスの予算と人員

国家の情報業務に携わる様々な組織や機関を一括りに総称したものが、「インテリジェンス・コミュニティ」という言葉である。ここでの「コミュニティ」は、日本語だと「業界」に近い響きだ。日本では縦割りの意識が強いため、警察庁や防衛省など省庁の括りで組織が語られることが多いが、欧米諸国においてはどの省庁だろうが情報を扱う以上、同じ業界に所属しているとの意識から、組織横断的な意味合いが込められているのである。戦後日本のインテリジェンス史に入る前に、インテリジェンス・コミュニティの予算と人員、情報の扱い方、そして日本が抱える問題は何かをおさらいしておきたい。

まず、予算と人員である。各国でその規模や構成組織は様々であり、米国のように18もの情報組織がコミュニティを形成しているようなところもあれば、イスラエルのようにわずか四つの場合もある。基本的に国外で情報収集にあたる対外情報組織、国内の情報保全を任務とする保安組織、軍事情報に特化した軍事情報組織というのは大抵の国に存在している。コミュニティの規模は、その国の軍隊のおおよそ5〜10%ぐらいの人員と予算が充てられるといわれている。米国なら11兆円、20万人の規模（これはおおむね米国防予算の11％）、英国なら5600億円、2万人の規模（同9％）となる。コミュニティの規模は冷戦の終結によって縮小傾向にあったが、2001年に米国で起きた同時多発テロ事件以降、近年は拡大傾向にある。ちなみに日本のコミュニティは、1500億〜2000億円、6000人程度（ここには警視庁はじめ道府県警察の公安部は含まれていない）と推察されるので、これは5・5兆円の防衛費からすれば3〜4％程度、つまり日本は他国ほどインテリジェンスに予算を割いていないことが窺（うかが）える。

日本のインテリジェンス・コミュニティのさらなる問題点は、情報活動に関する法制度が整備されておらず、既存の法律の下で活動せざるを得ないということだ。もちろんインテリジェンス組織といえども法律を遵守するのは当然だし、国民の監視の下にないと暴走する危険性はある。しかし、インテリジェンス組織の存在理由とは国益に資するような情報の収集と、それが漏洩（ろうえい）しないように保全することにあるため、諸外国では適切に情報を収集、保全するための法体系が整備されている。これに対して日本の場合、例えばテロリストによる日本国内での攻撃の兆候を察知しても、国内の電波法遵守の観点から、相手の攻撃意図に関わる電波通信を傍受してよいのか、といった議論に陥りがちだ。この点については半世紀前に西ドイツの情報機関の長であったラインハルト・ゲーレンが、次のように指摘している。

政府は原則として二つの道を選ばねばならない。その情報機関を在来の公務員規約でがんじがらめにするか、それとも機関のため例外を認めるかである。前者の場合、役所が熱望する組織上の雛形はできあがるにしても、機関の能力はガタ落ちするだろう。後者の場合には、重要な情報機関の可動性は、公的資金運用に対する管理も大きく損なわれることなしに増大するだろう。主要国はみな、第二の道を選んだ。

（ラインハルト・ゲーレン『諜報・工作』）

戦後の日本は主要国では例外的に第二の道を選ばなかったため、インテリジェンス活動は限られた人員と予算、厳格な法規制の下でやらざるを得なかったのだ。

情報の扱い方

一般に、インテリジェンス・コミュニティにとって、予算や人員の規模は重要だが、より重視されるのは各組織の情報がきちんと国の中で統合され、共有されているのか、という点である。情報というのは多角的に突き合わせてみないと、それが重要なのか、価値がないのかはわからないという難しさがある。よく新聞記者から聞くのは、スクープだと思って取ってきた情報でも、しばらく手許(てもと)において同僚や他社の記者の様子を窺うらしい。なぜなら大抵の場合、すぐに他の記者も同じような情報を得ていることがわかってがっかりするからだそうだ。

情報の集約について、こういう事例もある。冷戦期の米中央情報庁（CIA）は、ソ連国内の地誌情報、つまりは地図を、ソ連国内の情報提供者に高額の報酬を支払って集め、秘密情報として保管していた。しかしある時国防総省の職員から、そうして苦労して手に入れた地図はソ連国内の書店で普通に買えることを指摘され、CIAの情報員たちは驚愕(きょうがく)したそうである。つまり最初からCIAと国防総省の間で情報を共有していれば、労力と資金を無駄にせず済んだのだ。

しかしその後、米国の情報コミュニティは統合に向かい、各組織の持つ情報は省庁の垣根を越え、情報統合システムを通じてほぼリアルタイムで共有されるようになった。例えば国家偵察局（NRO）が撮影した偵察衛星の画像は、国家地理空間情報局（NGA）でグーグルアースのような使いやすい形に処理される。そして他の組織がそれを利用したければすぐに利用できる、といった具合だ。これはインテリジェンスが国家の政策のために存在しているという意識が強いためである。

他方、日本の場合は、情報が縦割りの壁を越えて伝えられることは稀(まれ)である。これは官庁のみならず、民間企業でもよく聞かれる。企業の中で得意先の名刺情報が共有されていないことをコミカルに描いた名刺管理サービスのCMがよく知られているように、日本では組織の中で情報を共有したり集約することはなかなか難しい。国家安全保障局次長を務めた元外務官僚の兼原信克は、毎日新聞のインタビューで以下のように語っている。

私は2012年、内閣情報調査室（内調）の次長を半年務めました。当時、外務省や防衛省、警察庁、公安調査庁、内調が集めた公開情報をデジタル化し、共有するプラットフォームを作ろうと考えました。しかし、強い反発に遭って実現しませんでした。誰でもアクセスできる公開情報でさえ、共有できないほど問題は深刻でした。

（『毎日新聞』2022年1月13日）

基本的に各国では、インテリジェンス・コミュニティに、組織間、もしくは国家のどこかの部門でそれぞれの情報を共有できるような組織設計が求められている。例えば2022年2月にロシアがウクライナに侵攻する直前、防衛省・自衛隊は通信傍受によってロシア軍の動きをモニターし、内閣衛星情報センターは情報収集衛星によって、ロシア・ウクライナ国境に集結するロシア軍部隊を捉えていたと想定できる。しかし、これだけの情報で何らかの対策が決定できるわけではない。内閣情報調査室が諸外国の情報機関から得た情報、外務省の持つ外国政治家のプロファイリング情報やモスクワ及びキーウの日本大使館からの情報、警察が在京ロシア大使館を定点観測して得ている情報、公安調査庁が情報源として利用しているロシア人からの情報、そのうえ外国の通信社やネット上に溢れる公開情報、これらすべてを集約・分析することで、果たしてロシアがウクライナに侵攻するのか、またその場合、どのような対策を取るべきなのかが判断できるようになる。

もちろん「秘密」情報を収集しているため、各組織とも簡単には外に出したがらない。だからこそ、どの国でも情報を集約、もしくは共有できるような制度や組織が作られているのだ。米国であればかつては中央情報庁（CIA）が、今は国家情報長官室（ODNI）という組織が各情報を集約している。CIAの頭文字がCentral（中央）なのは、コミュニティの中央で情報を集約する任務が与えられていたためだ。他方、英国であれば、内閣府の合同情報委員会（JIC）という組織で、各情報機関が収集した情報が集約される仕組みとなっている（図序-1）。

いくら優秀な情報機関が存在し、貴重な情報を取ってきたとしても、必要としている他の組織、特に政策部局や軍事作戦部門に渡すことができなければ、それは宝の持ち腐れである。英語圏では、情報が組織の外に出ない仕組みを、「ストーブ・パイプ（煙突）」と呼んでいる。

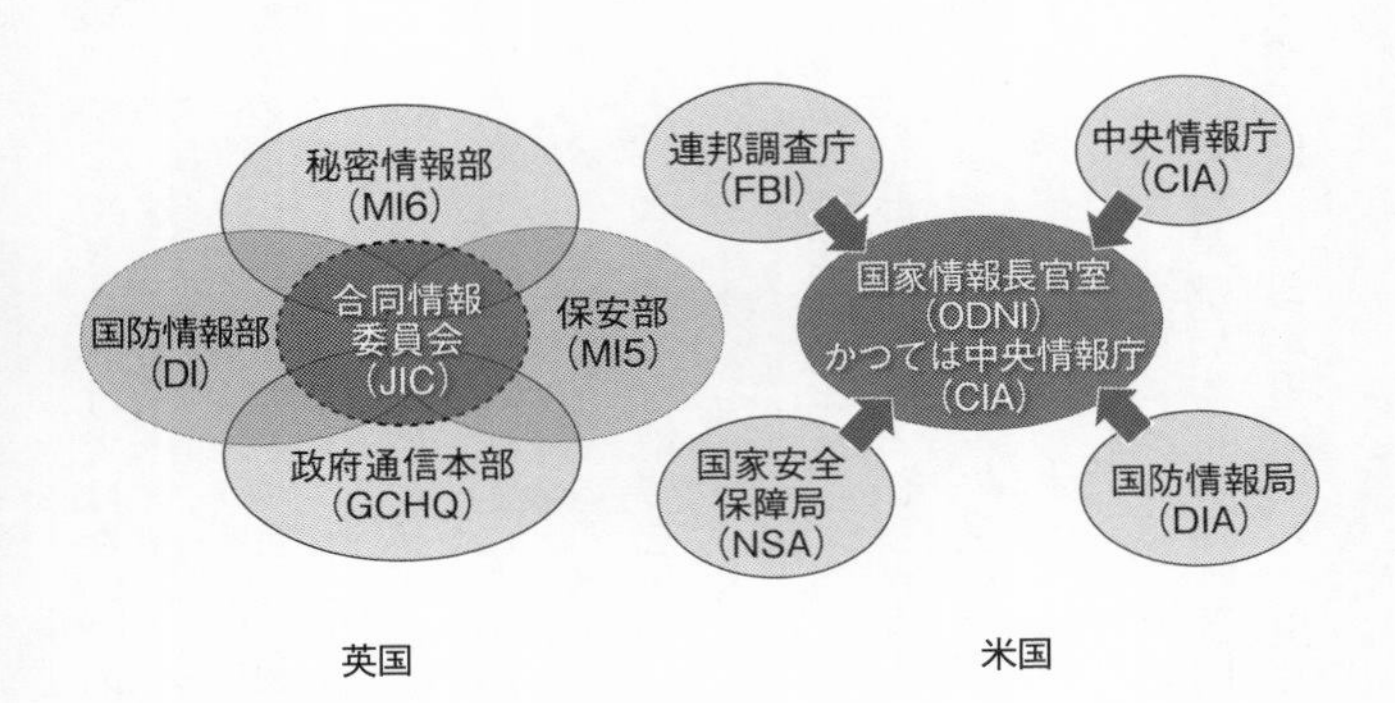

図序－1　米英のインテリジェンス・コミュニティ

煙突というのは下で炊いた火の煙を真っすぐ上に逃がす。「ストーブ・パイプのような組織」というのは情報がその組織の中でしか上がらないという皮肉である。この言葉は日本語の「縦割り」に近い響きがある。

「縦割り」の日本

残念ながら日本の政府組織は、戦前も戦後もこの「縦割り」による情報運用に悩まされてきた。戦前の日本のインテリジェンスは、陸海軍の情報部や特務機関、憲兵隊、外務省調査部と領事館警察、内務省警保局と特別高等警察、司法省刑事局といった組織がそれぞれ担っていたが、これらの組織がコミュニティを形成したことは一度もなかった。

戦前の日本において各省庁はそれぞれの所

掌で業務を完結しており、基本的には情報はその範囲内でのみ利用するものだったため、わざわざ他の組織や国に提出する意図も仕組みも存在していなかったのである。一九三六年、日本政府はこれらの組織の情報を集約するために内閣情報委員会を設置したが、軍部の抵抗に遭い、当初の構想からかけ離れた内閣直属の情報局という宣伝機関として発足することになった。

陸海軍ですら別々の世界で活動していたといってもよい。日中戦争を遂行する上で政府は陸海軍の意思統一のため大本営を設置しているが、大本営の中で陸軍部と海軍部が個別に業務を行う有様であった。ここで湧く疑問は、もし陸軍が海軍にとって有益な情報を得た場合、同様に海軍が陸軍にとって有益な情報を得た場合はどうするかであるが、答えは双方とも知らせない、であった。

例えば太平洋戦争中、日本陸軍は米軍の高度な暗号の一部を解読していたが、海軍はそれを解読することができず、陸軍は海軍が解読できないことも把握していた。米軍の矢面に立たされる海軍こそ米軍の暗号解読情報が必要であったにもかかわらず、である。陸軍は自分たちの暗号解読情報が「陸軍の」機密事項にあたるとして、海軍にそれを提供しなかったのだ。そこには国の組織の一員として情報を共有しようとする姿勢が全く欠けていた。もちろんこれは陸軍に限ったことではなく、海軍も陸軍が必要な情報を共有しようとしなかったので、お互い様ではある。情報が共有されなかったために日本は戦争に負けた、というのは言い過ぎかもしれないが、重大な要因ではあっただろう。

このように、戦前の様子から戦後日本のインテリジェンス・コミュニティの課題はおのずと見えてくる。それは、省庁の壁を越えた情報共有の仕組みの整備や、また国家の政策決定に寄与するような国家レベルの情報機関の設置、それらは戦後どのように進展したのか、という点だ。それでは次章から、日本陸海軍や内務省が解体された後、縦割りの中でそれぞれの情報機関がどのように再建され、いかにして統合に向かい、コミュニティを形成していったのかを追っていくとしよう。

第1章

占領期の組織再建

1 旧陸海軍のインテリジェンス

軍情報部の復活構想

1945年8月14日は、昭和天皇がポツダム宣言の受諾を決断し、聖断が下された日である。日本陸軍の中枢である市ヶ谷台では、機密文書の焼却が一斉に始まり、それはまるで火災のような勢いだったという[1]。

すでに通信傍受と暗号解読を行っていた陸軍特種情報部の北多摩通信所では、8月12日に通信傍受によって日本がポツダム宣言を受諾すると察知し、その直後から暗号書などの焼却が始まっていた。15日の玉音放送が終わると、同通信所の松岡隆所長は、「傍受という仕事をしていたことがわかると戦犯になる恐れがあり、危ない。〔中略〕東京を離れ、山の中に隠れているように」との指示を下している[2]。これは戦後の訴追に備えて証拠を隠滅するという目的が第一であり、いずれ頃合いを見計らって特種情報部を復活させる意図もあったという。

日本は敗戦を迎え、その後予想された通り進駐軍による日本軍のインテリジェンス能力に関する調査が始まった。最初に調査対象となったのは、参謀本部情報部情報長を務めた有末精三・元陸軍中将（図1－1）であったが、有末も戦犯容疑での取り調べを警戒していた。実は有末は第二部長の任にあった1945年6月から7月にかけて、米軍の占領を見越した上で、重要な文書を個人で秘匿していたようである。有末は自己保身のため、情報関連の資料を米軍との交渉材料に使うつもりであった。[3] この思惑は的中し、9月以降、有末はGHQ参謀第二部（G2）のチャールズ・ウィロビー少将（図1－2）と関係を築くことに成功する。

図1－1　有末精三（1895－1992）

しかし他の陸軍の情報将校たちはそれなりに秘密を守り通したようで、戦後すぐの1945年9月に作成された米軍の報告書には、日本軍による暗号解読は一部を除いては成功しなかった旨が報告されているし、その半年後に作成された米国戦略爆撃調査書でも日本は米軍の暗号解読にほとんど成功しなかった旨が記されている。[4]おそらく日本側の関係者が口を噤んだことで、米側は太平洋戦争中の日本軍の暗号解読能力は大したことがなかったと認識し、それが一般にも流布したようである。しかし事はそれほど単純ではなかった。

GHQと旧日本軍人の情報活動

1948年10月、米軍は偶然、日本側が米国の暗号を解読していたことを知る。それは日系の米軍人と結婚した女性が、友人から聞いた日本軍の暗号解読のことをうっかり話したことに端を発する。1949年1月に、陸軍中央特種情報部長だった中野良次・元少将やその部下であった釜賀(かまが)一夫・元少佐らが連合国最高司令官総司令部(GHQ)に呼び出され、暗号解読についての尋問を受けた。そこで中野と釜賀が米軍の暗号を解いて見せたところ、米側の態度が大きく変わったという。

その後すぐに参謀本部第八課長(宣伝・謀略)を務めた永井八津次(やつじ)・元少将の下に、暗号の専門家が25名程度集められ、米軍の下請け的な通信傍受組織が結成されているが、結局この組織は計画倒れに終わっている。この逸話は、日本側の暗号解読能力の高さを米側に印象づけるものであったが、話自体は秘匿されていたため、「日本軍の暗号解読は大したことがなかった」という俗説が生き残ったようである。

ここで大切なのは、ＧＨＱが日本軍のインテリジェンス能力をそれなりに評価したことであり、やがてインテリジェンスの世界で東西対立が顕在化していくと、米側が旧日本軍の情報関係者を利用する動きに繋（つな）がったことである。有末の手記によると、米側の対日情報収集活動の目的は、①戦犯容疑に関する調査、②戦史的な調査、③将来の情勢を見越した対ソ情報収集、だったという。[5]

他方、ＧＨＱのウィロビーが危惧していたように、当時、インテリジェンスの世界ではソ連・共産主義陣営との情報戦が始まろうとしていた。１９４５年９月５日にはオタワのソ連大使館の暗号官、イゴール・グーゼンコがカナダに亡命するという事件が起こっている。この亡命によってソ連側の多くの機密資料がカナダ当局にもたらされたが、そこで明らかになったのはソ連が米国を始めとする西側諸国に多数のスパイを送り込んでいるという事実であった。このことはウィロビーにも影響を与え、彼が１９４７年４月23日にマッカーサーに提出した「総司令部への左翼主義者の浸透状況」の中でもカナダの事件が言及されている。[6] ウィロビーのＧ２は日本国内やＧＨＱ内の共産

図１－２　チャールズ・ウィロビー（1892－1972）

主義者にかなりの脅威を感じていたようである。英国も1947年8月に日本国内の共産主義活動についての情報を収集するため、秘密情報部（MI6）の日本支部を設置していた。

そして太平洋戦争の戦史編纂という名目で、ウィロビーの下に民間諜報局（CIS）が設置され、そこに有末や服部卓四郎・元陸軍大佐ら旧日本陸海軍の軍人40名が集められたのである。有末たちは河辺虎四郎・元参謀次長の河辺機関とも繋がりを持っており、ここに旧陸軍系の一大派閥が形成されていく。また有末も独自にCISでグループ=有末機関を有し、日比谷の日本クラブに15名の旧陸軍関係者を集めた。旧海軍のほうは中村勝平元少将の下に10人で、総計で25名程度となる。

有馬哲夫の研究によると、有末機関の任務は表向き大本営とGHQの間に立って、連絡・調整を行うというものであったが、その内実は、①米国に関する情報を集める、②ソ連に関する情報を集める、③宇垣一成・元陸軍大臣を復活させる、④治安維持隊を創設する、というものであった。特に参謀本部第二部長であった有末は秘蔵していたソ連に関する情報をG2にもたらし、それでウィロビーからの信頼を勝ち得たとされる。

1949年9月頃からは日本国内で、敵性国、並びに共産主義勢力に対する情報収集活動、いわゆる「竹松工作」が計画され、有末と河辺がその責任者となる。この工作のため、G2から3万7000円が河辺に支出されている。さらに河辺はソ連、中国、北朝鮮の電波を傍受するための傍受基地の設置や、ウラジオストクや大連のソ連艦船の運航を監視するために日本の漁船と漁師を雇うことも計画していた。河辺はこれら工作に1000万円の予算と、朝鮮半島や旧満洲（中国東北部）での工作に関わる日本人の特別許可証の発行を求めており、ウィロビーも賛同していた。

1949年後半から竹松工作は実施され、有末と河辺は朝鮮半島からインド・パキスタンに至る広大な情報網を作り上げた。同時に、有末はウィロビーの与り知らぬところで中国政府関係者とも接触し、米軍の情報を流していたようである。つまり有末らは表面上、G2に協力していたものの、その本心は日本軍の再建にあり、利用できるものは何でも利用する方針のようであった。そのためG2と競合関係にあったCIAは、有末らの情報は不正確で役に立たず、組織も中国に浸透されていると警告を発していた。[8]

さらに有末らは戦犯容疑のかかっていた児玉誉士夫や、服部卓四郎、辻政信・元陸軍大佐といった悪名高い元軍人たちも利用するようになっていた。服部は後に台湾に移った蔣介石を中国本土に侵攻させようとしたり、吉田茂を暗殺してクーデターを計画していたような人物であり、このような野心家たちの集まりはやがて元軍人グループの内部分裂を招くようになる。結局、有末・河辺、服部・辻といった小グループが幾つも立ち上がり、それぞれ主導権争いを演じた結果、G2からも見放されることになる。

図１-３　吉田茂（1878-1967）

こうして有末や河辺らの機関がそのまま戦後日本のインテリジェンスの本流となることはなかった。先述したように有末らの狙いは情報機関の設置よりもむしろ旧軍の復活であり、米側はそれを最も警戒していた。そもそも職業軍人は公職追放によって復帰が難しく、また戦後直後の政治を担った吉田茂（図１-３）も旧軍人の政治介入を危惧していたため、旧軍人らが戦後日本のインテリジェンスを支配できる見込みは最初から薄かったといえる。そしてさらに有末らを支援していたウィロビーらが１９５１年４月のマッカーサー退任に伴い帰国してしまったことも影響した。同年12月に米軍からの資金援助の打ち切りが通告されると、有末や河辺の機関は組織を維持することすらできなくなったのである。

他方、外務省については戦前、主に満洲、朝鮮半島、中国大陸の在外公館に領事館警察を有しており、太平洋戦争時には３４００名もの人員を数えたが、終戦によって同警察は廃止されている。また終戦に伴い、日本は外交権を失ったため、本省内の調査局も廃止された。外務本省は何とか存続したが、当面の仕事はＧＨＱとのやり取りと、外地在留邦人の引き揚げを担当することになった。調査局が復活するのは、１９４７年４月の外務省機構改革以降となる。

また戦前には外務省情報部内に海外のラジオ放送を受信するラヂオ室が置かれていたが、１９４６年１月に外務省から切り離され、外務省の外郭団体「ラヂオプレス」として独立している。当初ラヂオプレスは、「ボイス・オブ・アメリカ」「ＢＢＣ」「メルボルン放送」「デリー放送」等、英語圏のものを受信し翻訳していたが、その後、中国の国共内戦や朝鮮戦争を受けて「北京放送」「平壌（ピョンヤン）放送」などの受信も行うようになっている。[9]

当時、ラヂオプレスは海外のニュース情報を得るための貴重な存在であったが、その後、参入してきたロイター社やＵＰ社（現在のＵＰＩ社）と競合することになる。特にＵＰ社はラヂオプレスがＵＰ社の情報を窃取しているのではないかと外務省に抗議したこともあったようだが、ラヂオプレスの活動はあくまでも放送された情報を受信し、それを翻訳する以上のものではなかった。[10] むしろラヂオプレスの強みは、毎日、膨大な量のニュースを日本語に翻訳し続けられる能力にあり、これは現在まで脈々と受け継がれている。

2 公安系インテリジェンス

警察と公安調査庁

終戦直後の日本政府にとっては、日本陸海軍の解体によって生じる巨大な力の空白をどのようにして埋め、国内の治安を安定させるかが喫緊(きっきん)の問題であった。そこで政府は1945年8月24日に「警察力整備拡充要綱」を閣議決定し、内務省の特別高等警察（特高）を拡充することを狙った。その目的は、旧軍関係者を特高に吸収することで警察の人員を大幅に増員し、警察機構に準軍事力やインテリジェンス能力を持たせることであった。

しかしその後、日本に進駐してきたGHQは、10月4日に「連合国最高司令部発日本帝国政府宛覚書（人権指令）」を発し、治安維持法や軍機保護法等、国民の人権を侵害する類の法律を廃止、さらにその法執行組織であった特高や外事警察をも廃止する。さらにこの時、治安維持法の撤廃と政治犯釈放要求により約220名の共産党員が出獄し、戦前は非合法とされていた日本共産党の再建を目指した。

この人権指令は、当時の日本政府にとっては深刻な危機として受け止められた。なぜなら軍事力を失った日本が最後の拠り所としていたのが内務省を中心とする特高警察だったため、廃止となると、国内の治安維持がきわめて難しくなるからであった。

このように内務省にとっても人権指令は寝耳に水の出来事であり、戦後日本の治安組織は一からの再建を迫られることになったものの、同省の対応は早かった。同年12月19日には内務省分課規定の改正によって警保局内に公安課が設置され、最低限の実行力が確保された[11]。課長は後に内閣調査室を率いることになる村井順（むらいじゅん）である。これが戦後の警備公安警察（以下、「公安警察」と呼称）の出発点となる。公安警察は地方警察に設置された各府県の警備課を手足として利用し、またG2傘下の調査隊（CIC）と協力して日本国内での情報活動を始めることになる。情報収集の目的は、GHQの統治に対する日本国民の不満や軍国主義者の動向を探ることが主なものであった。

その後、1947年末に内務省が解体されるが、同省の調査、公安機能は翌年に法務庁特別審査局（後の公安調査庁）と国家地方警察に引き継がれることとなった。前者は米国で出版されたシャーマン・ケントの『米国の世界政策のための戦略情報（Strategic Intelligence for American World Policy）』を早速局内で翻訳して教育用資料として大量に配布していることからも、当時から情報収集や調査任務を明確に意識していたものと考えられる。さらに特別審査局は内務省関係者のみならず、軍人や外務省が抱えていた領事館警察の人員も吸収する母体となっていく。そこには多くの元特高関係者や、参謀本部情報部でソ連情報を専門としていた甲谷悦雄・元大佐のような人物も参加するようになる。

後者の警察のほうは1948年3月6日に施行された旧警察法により、戦前の中央集権的な組織から、戦後の分散化された警察権力が指向される。つまり地方の自治体警察と中央の国家地方警察の二本立てとなったが、内務官僚からすればこのような組織の在り方は、警察権力を弱体化させると映ったようである。そのため1951年と1954年の警察法の改正によって、地方分権型と中央集権型の折衷的な制度の整備が進められることになった。

共産主義勢力の監視

GHQの日本国内における情報関心は、軍国主義者の動向よりもむしろ共産主義活動にあった。1946年1月に共産主義インターナショナル（コミンテルン）の日本代表、野坂参三が中国より帰国すると、何度も意見聴取が行われている。GHQ、特にG2は占領当初から、日本国内の共産主義活動に並々ならぬ調査の意欲を示していたのである。このGHQの活動を後押しするかのように、1948年10月7日、米国の国家安全保障会議（NSC）は「NSC13-2」と呼ばれる文書を採択した。これは日本における共産主義活動の取り締まりや警察力の強化を謳ったものであり、それまでの日本の非軍事化、民主化の方針とは一線を画すものであった。そして直後に成立した第二次吉田内閣は米国の要望を受け入れ、共産党の非合法化まで提案するようになる。これがいわゆる「レッド・パージ」と呼ばれた共産主義勢力の排除である。

ＧＨＱ内でＧ２と競争関係にあった民政局（ＧＳ）も日本における共産主義活動の監視に乗り出したが、Ｇ２とは異なり、ＧＳは調査を行う組織も人員も有していなかった。そこでＧＳは監視を特別審査局に依頼し、特別審査局もレッド・パージを開始して、公務員の中から共産党シンパを炙り出したとされる。その中には当時、特別審査局長であった瀧内礼作も含まれていた。瀧内は戦前、共産党との繋がりから治安維持法違反に問われ、戦後はＧＳと社会党の鈴木義男・法務総裁の推薦によって局長となった人物である。左翼運動の調査という明確な任務を与えられた同局の定員は、それまでの１７４人から一気に３８７人まで倍増。予算も１９４８年度の８０００万円から翌年度には１・７億円と、こちらも倍増している。

かたや日本共産党のほうも１９５１年にはソ連の指導の下、「五一年綱領」を採択し、「日本の解放と民主的変革を、平和な手段によって達成しうると考えるのは間違いである」として、武力による革命方針を明確にしている。１９５２年5月1日には東京でデモ隊による「血のメーデー事件」が世間を騒がせることになった。このような国内の左翼活動を受け、吉田茂政権は同年3月28日に公安調査庁設置法案、公安審査委員会設置法案、破壊活動防止法案（破防法）を閣議決定し、同法案は同年7月4日に国会審議を経て成立している。この時、公安調査庁は国内治安情報を担当する調査第一部と海外公安情報を担当する調査第二部の二本柱からなる組織として再出発したのである。

同庁の活動根拠となる破防法は主に国内の共産主義勢力監視のための法律であり、暴力主義的破壊活動を行った団体に対する規制措置がその主眼である。ただし当時の世論は破防法にかなり批判的であったため、公安調査庁には強制捜査権や逮捕権限が与えられることはなかった。同庁の当初の任務はソ連から引き揚げてくる日本人の調査で、京都の舞鶴(まいづる)に拠点を設け、調査官が聞き取り調査を行うというものであった。当時は少なからぬ日本人がソ連への協力を誓約させられて帰国してきたので、そのようなソ連側協力者の選別と、ソ連国内の状況、特に軍事や経済に関する情報を収集したようである。これが公安調査庁の活動の原点となった。[12]

外事警察の復活

一方、警察機構のほうは、サンフランシスコ講和条約発効（1952年4月28日）直前の1952年4月1日、警視庁警備第二部公安第三課として戦前から存在していた外事警察が復活している。この警備第二部がいわゆる公安警察と呼ばれる組織で、この組織改編により、150人程度だった定員は600人に増員された。第一課は庶務、共産党の捜査、第二課は労働運動、文化、学術団体に関する情報収集で、第三課が各国の情報機関に対する防諜を担当する。さらに三課は一係のソ連・東欧圏、二係が朝鮮半島、三係が朝鮮半島以外のアジア諸国を担当することになっていた。そして１９５４年に警察法が新たに制定されることで、それまで分権化されていた国家地方警察と自治体警察は都道府県警察に一元化され、国家公安委員会と警察庁長官の下に強力な警察組織が作られたのである。

すでに１９４９年８月には北朝鮮工作員、許吉松が島根県隠岐島（おきのしま）から密入国するという第一次朝鮮スパイ事件が生じていた。しかし本件は占領軍傘下の調査隊（ＣＩＣ）が捜査を進め、ＧＨＱの軍事裁判によって裁かれていたため、日本の警察はこれにほとんど関与することができなかった。[13] そのため警備・外事警察の復活は警察の悲願であり、これを機に国内での共産主義運動の監視を強めていくことになる。さらにその後の１９５７年３月には首都警察にあたる警視庁の警備第二部が公安部に移行し、１９５９年８月には公安部第四課が外事課として、警視庁も外事警察を持つことになった。

ただ戦前とは異なり、共産党は合法化され、スパイ防止法も制定されない状況で、外事警察がどこまでの所掌事務を有しているのかについては明確に規定されていたわけではなかった。かなりの程度、現場判断での対応が行われ、またその手法も特高警察から受け継がれたものであった。それらは例えば、女子大学生を情報提供者として依頼したり、脱法的な盗聴器の使用も厭わなかったようである。[14]

こうして戦前の内務省の機能は、戦後の警備公安警察と検察官僚が主導する公安調査庁に引き継がれたわけだが、警察のほうは治安維持と法執行が主務であり、公安調査庁のほうは破防法に基づく団体規制とそれに伴う調査、という住み分けであった。ただし両者は協力するというよりはむしろお互いを競争相手と認識し、対立関係にあったようである。そもそも組織を二つ立ち上げなくとも、最初から警察に団体規制の機能も与えればよいとの議論もあったようだが、それだと警察の権限が肥大して、結社の自由を脅かす危険性もあった。そこで折衷案として、公安調査庁に団体規制の機能が与えられ、その後、同庁内に警察のポストを設置するということになった。当初の構想は、団体規制に関する限り、公安調査庁の調査に基づいて警察が検挙を担当するので、公庁と警察の橋渡し的なポストが必要だったのである。こうして1952年にはGSの意向により、警察官僚の柏村信雄が公安調査庁調査第一部長（国内調査担当）に任命され、この慣例は現在まで続いている。[15]

当時警察庁公安第二課に所属していた丸山昂は「対課報活動は、警察的機能であって、法執行機関によって運営されなければならないものであるとするならば、現在の日本の対課報機関は、外事警察組織とするのが適当であるし、又そうすべきものであると思われる」と論じている。[16] 丸山のいう法執行機関が対課報活動を行っているのは、欧米諸国では米国ぐらいのものであり、世界的には情報収集に特化した保安組織が防諜業務を行うのが大勢であったので、やや主張に強引さが見られる。穿った見方をすれば、これは警察こそがこの分野を担当すべきであるという自負だったのかもしれない。

まとめ

旧日本軍の情報将校たちは、占領軍と手を結ぶことで戦後も影響力を維持しようとしたが、その主目的は日本軍の再建で、共産主義勢力の監視を第一とするG2とは同床異夢の関係であった。GHQ下に諜報組織が立ち上がるも、旧軍人内の主導権をめぐる内部闘争と、1951年のマッカーサー帰国によって梯子を外された形となり、旧軍人グループは組織の存続すらままならなくなっていく。

その後、日本に進出してきたCIAは「〔元情報将校たちの狙いは〕インテリジェンス工作でも日本のインテリジェンス機関をつくることでさえもなく、政治的な権力を確立し、日本の軍隊を再生すること」と見抜いていた。さらに先述したように当時権力を握った吉田茂も旧軍関係者に反感を持っていたことで、最終的に彼らが戦後日本のインテリジェンスにおいて主流となることはなかった。

一方、陸海軍に次ぐ実力組織とされた内務省も解体されたものの、国内の共産主義勢力の監視活動が急務とされたため、公安組織の再編成が現実的な課題となっていた。そのため公安調査庁設置と警察の再編がいち早く実施され、内務官僚はその命脈を保つことに成功したといえる。ただこちらも戦後日本のインテリジェンスの主導権を握る、というような構想があったわけではなく、元警察官僚の北村滋が指摘するように、「切迫する治安状況に当面対処するという彌縫策(びほうさく)的側面が強かった」[17]ようである。

おそらく戦後日本のインテリジェンスについて明確な構想を描いていたのは吉田であり、しばらくは吉田やその盟友の緒方竹虎(おがたたけとら)らの主導で、戦後インテリジェンスの土台が築かれていくことになる。

第2章
中央情報機構の創設

1　内閣総理大臣官房調査室

戦後日本のインテリジェンスの父・吉田茂

終戦直後、旧軍人は政権から遠ざけられた一方で、内務官僚は公安インテリジェンス（ここでの「公安」は、警察の警備・外事情報と公安調査庁が扱う情報を指す）、外務官僚が外交インテリジェンスを受け継いだ。しかし当時の世界的な潮流は、東西冷戦を戦い抜くために、政治指導者に直結する独立した中央情報機関の設置にあった。

米国では１９４７年に大統領傘下の組織として中央情報庁（ＣＩＡ）が創設されている。同じ敗戦国のドイツでも、１９４６年には元独軍の情報将校ラインハルト・ゲーレン率いるゲーレン機関が設置されていた。そうなると、日本政府内にも独立した情報機関が構想されたのは当然の成り行きであろう。ただ、新たな組織の設置には政治的な原動力が必要であり、それこそが吉田茂という存在であった。ジャーナリストの春名幹夫は吉田を「日本情報機関の父」と形容している。[1]

1949年の春頃、G2の傘下にジャック・キャノン米陸軍中佐を長とする「Z機関（キャノン機関）」が設置され、日本国内で反共的な秘密工作活動を行うようになっていた。1952年1月、このキャノンとZ機関に所属していた朝鮮系米軍人の延禎（ヨンヤン）少佐が大磯の吉田茂別邸を訪れた際に、二人は吉田総理から対外情報機関について相談されたという。[2]

吉田は米軍からの情報機関設置の要請とともに、戦前、陸海軍や外務省が個別に情報活動を行っていた反省から、内外の情報を内閣の下に統一するような機関を計画していた。この時、吉田は当時公職追放の身であった緒方竹虎（図2-1）を長とする情報機関の構想を伝えた。緒方は戦前、朝日新聞の記者として活躍、戦中は小磯（こいそ）内閣で情報局総裁を務めており、吉田は緒方の能力に着目していた。

これに対してキャノンは米国のCIAのような政治指導者直属の情報機関の設置を薦め、その事務方には元総理秘書官で国家地方警察本部警備課長の村井順（図2-2）を据えることを進言したという。[3] 村井は吉田総理の元秘書官で、キャノン

図2-1　緒方竹虎（1888-1956）

機関にも出入りしており、キャノンの覚えもめでたかったのだろう。
他方、吉田は相談役であった辰巳栄一や土居明夫といった旧陸軍の将官たちにも情報機関の準備を命じており、そのトップには辰巳が想定されていたが、最終的に吉田は村井の室長人選に同意したようである。[4] やはり世論等の反発を考慮すれば旧軍人は登用しがたく、そうなると村井に白羽の矢を立てるのは無難な人選であった。
かたや村井のほうも1952年3月4日頃、吉田に対して情報機関の必要性を訴えており、吉田の賛同を得ていた。その後、村井と工藤真澄・警視が主導して、国の内外から情報を集めて分析し、内閣に提言する機関設置を趣旨とした内閣情報室の設置案を吉田首相に提出することになる。この警察主導の計画に焦りを感じた外務省のほうは「内閣情報局設置計画書」を作成している。しかし最終的に了承を得たのは村井の案であり、3月26日には治安閣僚懇談会において、内閣調査室の設置が決定された。その骨子は「諸般の情報を収集、綜合、調整し、併せて国民に対する弘報宣伝の統一的企画を行うために内閣に調査室を設置する」というものであった。[5]
こうして1952年4月9日、吉田首相は総理府令第9号によって総理府に内閣総理大臣官房調査室（後の調査室）を設置した。組織の定員は7名だが、その実員は国家地方警察を主力としたわずか4名（警察から三枝三郎、工藤真澄、岡政義、経済調査庁から志垣民郎）だった。志垣は元文部官僚で内務・警察出身ではないが、村井の高校、大学での後輩で親しい関係だったという。おそらくこの時点では、今でいうところの準備室のような形であったと推察される。その後、7月には31名に増員されているため、組織として機能するのは7月以降のことになる。最初期の仕事としては、国政選挙で右翼でも共産党でもないリベラル寄りの候補を応援するというもので、志垣の回想によると、宇都宮徳馬や鍋山貞親らに後援金を配っていたようである。[6]

調査室の所掌事務としては、1937年の内閣情報部官制第1条「国策遂行の基礎たる情報に関する各庁事務の連絡調整」を借用し、「大臣官房調査室においては、政府の重要施策に関する情報を収集、調査し、これに対する各行政機関の連結及び事務の総合、調整に関する事務をつかさどる」という任務が与えられた（『官報　第7575号　昭和27年4月9日』）。この構想については1990年代に内閣情報調査室長を務めた警察官僚の大森義夫が以下のように評している。

図2－2　**村井順**（1909－1988）　文藝春秋／アマナイメージズ提供

内閣調査室が三十人ほどの人員で設置されたのは一九五二年四月で、内務省採用の村井順氏が吉田茂総理、緒方竹虎副総理を熱心に説いて賛同を得た。最初の構想は雄大で「治安関係だけでなく、各省各機関バラバラといってよい内外の情報を一つにまとめて、これを分析、整理する連絡事務機関を内閣に置くべきだ」と吉田総理が閣僚懇談会で発言している。[7]

（大森義夫『日本のインテリジェンス機関』）

ただ組織編成上、調査室は官房長官の下に置かれたため、調査室長は総理ではなく、官房長官に定期的な報告を行うことになる。

そして初期のメンバーとして、外務省から鈴木耕一（キャップ）、日暮伸則、庄司宏、通産省から中野正一と肝付兼一、安岡孝、労働省から山崎五郎、法務省から佐久間幾雄検事、大蔵省から村上浩三元主計局次長、文部省から伊藤良二事務官、運輸省から久岡事務官、経企庁から向坂正雄事務官、総理府統計局から三井芳文事務官、農林省から森博など、各省庁からの選りすぐりがこの調査室に集められることになった。[8]

その後、1952年10月1日の衆議院議員総選挙で、公職追放されていた緒方が政界復帰すると、吉田は早速緒方を官房長官に抜擢し、緒方の下に調査室を置いたのである。このように、調査室は旧軍部の影響力を極力排除し、吉田総理、緒方官房長官、村井室長のトライアングルとそれを支援した米国の影響力によって設置された。

CIAと緒方竹虎

ここで重要なのは、1951年4月にマッカーサーが帰国すると、日本の情報共有のパートナーがGHQからCIAに代わったことである。マッカーサーはCIAが日本で活動することを認めていなかったため、マッカーサーの帰国はCIAにとっては千載一遇の機会となった。それまでCIAはGHQが旧軍人たちを利用していたのを苦々しく見ていただけではなく、ワシントンにおいても新参者であり、軍部や国務省からは格下に見られがちであったため、極東では日本をそのパートナーに選んで情報活動を展開しようと意気込んでいたのである。

すでにCIAは1948年頃に政策調整室（OPC）という名前で日本橋の三井本館に拠点を設けていた。[9] 当時の室長は駐日米大使館員でもあったポール・ブルームだった。CIAが目を付けていたのが、戦時中大蔵大臣を務め、戦後は自民党の有力議員となった賀屋興宣（かやおきのり）や吉田の後継者とも噂されていた緒方、さらには日本テレビ放送網を設立した正力松太郎（しょうりきまつたろう）らであった。特に緒方は裏でCIAとの緊密な関係を保っており、その文書には「POCAPON」というコードネームで記されている。[10] 緒方は独自の情報機関の構想を抱いており、日本政府が本格的な情報機関を立ち上げることは、ＣＩＡにも伝えられていた。

同時期、ＣＩＡ本部のほうでも日本に新たな情報機関を設置するために、緒方をサポートするスタッフを送るべきだとの議論が交わされていた。ちょうど１９５２年12月15日にＣＩＡ副長官のアレン・ダレスが来日することになり、同月26日にダレスは緒方、吉田、村井らと新情報機関について話し合いを行った。緒方から日本がＣＩＡのような中央情報機関を構想していることを聞かされたダレスは、その構想を評価している。緒方とＣＩＡの結びつきは強く、１９５３年３月24日に官房長官が福永健司に代わった後も、緒方がそのパイプを握り続けたことからもそれが窺える。

その後、調査室をどれくらいの規模に拡大し、どのような任務を与えるのか、という点については議論が錯綜する。特に政治家間の権力闘争や省庁間の綱引き、旧軍人の処遇、さらには世論の動向といった力学の中で、新たな情報機関は形成されていくのである。緒方自身は村井室長が検討していた、日本版ＣＩＡ構想、つまり情報収集、通信傍受、秘密工作活動を主任務とする情報機関の設置を期待していたが、１９５２年11月、まずは世論に配慮する形で、海外のニュース等から情報を収集する「新情報機関設置」構想を発表した。吉田も衆議院本会議において「今後政府としましては、あえて情報機関とは申さないが、国内の事態の真相を伝える機関、同時に外国の真相を集めて、そして国内にこれを弘布するという機関を内閣に置きたいと思いまして、ただいま官房長官のもとで、その計画を立てております」と発言した（第15回国会　衆議院本会議　第6号　昭和27年11月26日）。緒方と吉田は観測気球として海外のニュースを受信し、それを翻訳する、いわゆるモニタリングサービスの案を発表し、野党や世論の反応を見極めようとしたのである。

ところがこの構想のために民間の通信会社や報道機関から人材を調達し、300名規模の組織を設置するという点が、マスコミ各社からの大々的な反発を招いた。これは緒方が戦争中に情報局総裁の地位にあったことが影響している。有馬哲夫によると、この新情報機関設置構想は、戦後メディア界の覇権争いも作用して反対運動に繋がったようである。そしてメディアが騒ぐほど、戦争を煽った戦前の情報局を国民に彷彿とさせ、世論も反対の論調に賛同するようになる。そのため1953年1月の段階では、調査室の定員30名を維持するのがやっとであり、当初想定されていた10億円の予算は1・5億円に大きく引き下げられる[11]。マスコミの反対理由は各社の内情によるものとはいえ、騒動が国民に波及することで「情報機関＝戦前の監視社会、言論統制」という構図ができあがってしまい、事後、インテリジェンス組織の新設や秘密保護法制の導入が政治的に困難となってしまうのである。

「日本版CIA」調査室

それでも、緒方の本命は日本版CIAともいえる本格的な情報機関構想のほうであった。その構想は、「外務省、国警〔後の警察庁〕などの同種機関とは全く独立し、総合的な情報活動を行う。各官庁からの情報を収集し、内閣調査室の集めた情報はすべて関係各省に流す」というものだった（『毎日新聞』1953年1月10日）。すでに調査室はCIAからの資金援助を得て、ソ連や中国からの引揚者を対象とした尋問を行い、中ソの政治経済状況や軍事などの情報収集を行っていた。[12] さらに調査室の人員を中国本土、またはその周辺地域に送り込む計画も検討していたようである。[13]

その外にも調査室の情報収集の対象としては、「対共産圏貿易についての社会党の動き」「中共の地下資源」「Sの語る中共事情」「中共の実態」「ソ連事情」「中国共産党の海外工作」「日共活動の実態」といったもので、[14] 当時は中ソと国内の共産主義活動の監視に主眼が置かれていたと考えられる。

また1953年1月、戦争中に駐ストックホルム陸軍武官を務めた小野寺信（まこと）・元少将が日瑞貿易会社の社員として戦後初めてスウェーデンを訪れた時に、村井は個人的に小野寺にスウェーデンでの情報収集を依頼している。同時に小野寺の訪欧については調査室からCIAにも伝えられている。戦争中、ストックホルムで小野寺は米軍を始めとする連合軍の情報収集に努めており、小野寺の訪欧はCIAの注意を引いたようである。その後、CIAは小野寺がスウェーデン時代の情報提供者らと接触する可能性を考慮して、スウェーデンで小野寺の活動を監視していたという。[15]

他方、旧陸軍の辰巳らが構想していた情報機関のほうは、1952年6月に「陸隣会」として調査室付けで発足している。この組織のために宮子実・元陸軍大佐を始めとする7名の旧情報参謀が選び出され、その後、河辺機関等から旧軍人を引き入れて30名程度の組織となった。当初の任務は中国からの引揚者から聞き取りを行うことであった。[16]「陸隣会」は宮子機関とも呼ばれていた。しかしその後、1960年4月に衆議院日米安全保障条約等特別委員会で、社会党の飛鳥田一雄（あすかたいちお）が調査室の実情を国会で暴露し、政府を批判したのである。

> すべての人々は偽名で行動をしていらっしゃる。しかし、その一人々々を調べてみますと、みんな元陸軍大佐であったり、陸軍中佐であったり、陸軍少佐であったり、あるいは憲兵少佐であったり、こういう方々ばかりであります。そして、その結果は、中共事情あるいはソ連事情という形でまとめられている。それを拝見しますと――たとえば、昭和三十三年一月二十日の中共事情甲情第百三号、こういうものを拝見いたしますと、チチハル軍事断片、長春軍事断片、鞍山軍事断片、重慶軍情断片というような形で、ど

ういう飛行機が飛んだか、どこに飛行場があったのか、あるいは飛行場はどういうふうに利用されておるかというようなことが書かれております。〔中略〕現にこの事情を調べてみまするとと、引き揚げた人々を調査するための予算まで組まれて、業務報告まで内閣調査室に出されている、こういうことであります。

（衆議院　日米安全保障条約等特別委員会　第19号　昭和35年4月15日）

この批判を受けて「陸隣会」は解散、1961年7月、内閣府所管組織として新たに世界政経調査会が設置されている。同調査会は調査室の情報調査委託費を受けて内外の政治、経済、社会事情等の総合的な調査研究を行う組織であり、その会長には元内務・警察官僚が就いている。

2　村井閣ドル事件

調査室と外務省の対立

調査室の対外活動は、戦前から対外情報収集を行ってきた外務省に危機感を抱かせることになる。先述したように元々外務省では、情報文化局第一課長の曽野明が村井の案に対抗する形で「内閣情報局設置計画書」を提出しており、奥村勝蔵外務事務次官も調査室は外務省の屋上屋を架すに過ぎないので、対外情報は外務省に任せるべきであると緒方に申し入れている。[17] 外務省の有力ＯＢであり、外相経験者の重光葵・衆議院議員も緒方を快く思っていなかった。つまり外務省を中心とした勢力が調査室を警戒し始めていた。

さらに１９５３年５月の内閣改造で、緒方は官房長官ではなく副総理として迎えられた。その後も緒方は調査室を自らの下に置こうとしたため、緒方の後任の官房長官となる福永健司は緒方の影響力を削ごうと画策していた。緒方の調査室へのこだわりは、与党の中で頭角を現しつつあった緒方が、調査室を自らの権力維持のために使用するのではないかとの危惧を生じさせていたのである。さらに調査室を率いていた村井も緒方に付き、組織上の上司である福永をあまり相手にしなかったという。この頃になると、調査室と外務省の対立に加え、緒方・村井と福永の間にも対立関係が生じていた。そしてそのような中で生じたのが、「村井闇ドル事件」であった。

１９５３年８月９日、村井はスイスで開催される道徳再武装（ＭＲＡ）運動大会（表向きは国際的道徳標榜運動だが、内実は反共運動）のため、３ヵ月もの日程をかけて私費で欧米を訪問した。まず東京からワシントンに向かい、ＣＩＡ本部を訪問して長官となったアレン・

ダレスと会談。その後、ヨーロッパに渡った村井は、ロンドンのヒースロー空港において腹巻の中に隠し持っていた3000ドル（約108万円）を税関に没収されたという。これを9月16日に産業経済新聞が報じたことで、事態が明るみに出たのである。しかし同空港で闇ドルを没収されたのは全くの別人であり、各紙ともすぐに誤報であることを認めて訂正している。

ドル没収の情報の出所は西ドイツ、ボンの日本大使館であり、情報を東京で得た外務省の曽野明が新聞にリークしたものである。当時村井はボンにも立ち寄っているが、この時、なぜかボンの日本大使館は村井の通訳兼世話係として英国のインテリジェンス関係者をあてがい、村井自身もスパイに付け狙われた、という感想を残している。この村井自身の話とヒースローでの別人の闇ドル事件が混同され、ボンから東京へ「村井闇ドル事件」として伝達されたようである。

この事件に関しては未だに不明な点が残されているが、全体として福永官房長官と曽野が結託して、村井を陥れるために行った策略のような印象を受ける。元々村井は官費で出張する予定だったが、福永はそれを認めなかったこと、さらには外務省を通さない調査室のやり方に外務省が危機感を持ったのが発端であろう。村井を羽田空港で見送っていた辰巳は「外務省筋の反村井分子の策謀によりヤミドルの件デマ報道さる」と書いており、村井自身も

「私は元来室長にはどこの省の出身者がなっても構わないという考えで、次の室長を外務省の某氏に譲る考えであった。ところが、先方では内務官僚の次には外務省だとの激しい対立意識を燃やし、ボン私信のような手の込んだ工作を使って私を失脚させたのであった」と回顧している。[18]

トライアングルの瓦解

このような調査室をめぐる外務官僚と旧内務官僚の確執は当時からも周知の事実であった。元ハルピン特務機関少尉で戦後は調査室に勤務していた中田光男も、「これは内閣調査室と外務省の争いです」と断言している。[19] ただこの頃になると、吉田総理と村井の間にも隙間風が吹き始めており、吉田はあえて村井を救おうとはせず、結局、村井は福永官房長官に更迭される形で、京都府国家地方警察隊長への異動となった。

元々、調査室は各省庁からの寄り合い所帯となっていたため、その主導権をめぐる官庁間の争いが先鋭化していたのである。同じ頃、部内では通産省から調査室に出向していた肝付兼一が、他省庁から出向していた部下の防衛班員と対立したため、調査室は防衛班を一旦解散し、肝付を強制的に通産省に戻すような事案も生じていた。

村井の後任には同じく警察官僚であった木村行蔵が選ばれたが、木村は村井のようなワンマン型というよりは調整型の人物として知られており、調査室長に就任すると各省庁の出向者に対して和を説き続けた。しかしこのようなやり方はむしろ調査室の調査能力を削いでいたようで、松本清張は「木村の代になってから内調は急速に精彩を欠いてゆくのである」との感想を残している。[20] これは当時調査室に在籍していた志垣民郎も認めるところであった。[21]

そもそも調査室は吉田・緒方の政治的な庇護と米国からの要請によって誕生し、その存在理由は内閣の政策決定と米国への情報提供であった。しかし吉田・緒方・村井のトライアングルは、村井の脱落と吉田の政治的求心力の低下とともに瓦解(がかい)していく。1953年3月のいわゆる「バカヤロー解散」と鳩山一郎一派の分離を経て、その後の総選挙で吉田の自由党は過半数を割り込むことになった。さらに1956年1月28日には緒方が67歳で急逝してしまう。評論家の江崎道朗は「緒方が自民党総裁、そして総理大臣になっていれば、議会制民主主義のもとで「日本版CIA」が創設され、多角的な情報収集と分析に基づく、したたかな国家戦略が展開されていったかもしれない」と論じている。[22] インテリジェンス再構築のキーマンであった緒方の死去は、後の日本のインテリジェンスの在り方に暗影を投じたのである。

こうして調査室をCIAのような新たな中央情報機関へと脱皮させる構想は画餅(がへい)に終わった。そして設置間もない調査室が生き延びるためには、与えられた組織と予算の範囲内で情報収集や分析を強化していくしかなくなる。１９５４年には中央資料室が設けられ、再度情報の調査・分析に重きが置かれるようになったが、組織が拡充されない以上、収集できる情報には限界があった。そして限られた情報収集では、米国からの期待に応えることも難しくなっていたのである。

3　ラストボロフ事件

ソ連の対日工作

村井を失脚させ、調査室の主導権を警察から奪おうとする外務官僚の策動は成功したかに見えたが、事はそう単純ではなかった。１９５４年1月24日にはソ連の情報員であるユーリー・ラストボロフ（図２‐３）が米国に亡命し、日本におけるソ連の対日工作活動を暴露する、いわゆる「ラストボロフ事件」が生じたのである。この事件によって、外務省から多くの機密情報がソ連側に渡っていたことが明らかになった。

ソ連が戦前日本国内に築いた情報網は、１９４１年10月に発覚したゾルゲ事件によって一網打尽となり、ソ連内務人民委員部（ＮＫＶＤ、後のＫＧＢ）は戦後日本で新たな情報網の構築を計画していたのである。当時のソ連の極東戦略は、①アジアの自由主義諸国の中立地帯化と西側からの孤立化、②政治経済、外交的手段によるアジア諸国のソ連への従属、というものにあり、日本はその戦略の中核に位置づけられていた。[23]この戦略を実現するため1946年1月に日本に送り込まれてきたのが、NKVD所属の情報員、ラストボロフ

図2－3　ユーリー・ラストボロフ（1921－2004）　読売新聞社提供

である。当時の肩書きは駐日ソ連通商代表部二等書記官であった。

ラストボロフの目的は日本国内でソ連への協力者の獲得、日本共産党への資金援助などのテコ入れ、そして最終的には政財界を網羅するような情報網を作り上げることにあった。当時、外務省職員や旧軍人など少なくとも16名がラストボロフの工作に関係しており、その多くは太平洋戦争中にソ連国内に滞在していた日本人グループであった。日本大使館書記の日暮信則、庄司宏、朝日新聞社モスクワ支局長の清川勇吉、毎日新聞モスクワ支局長の渡辺三樹男、海軍駐在武官の沢田孝夫及び海軍書記の大隅道春ら終戦時にモスクワに滞在していた一団に加え、終戦時にソ連軍の捕虜となった在奉天第三方面軍情報参謀・志位正二らであっ

た。彼らは日本への帰国と引き換えにソ連への協力を要請された、いわゆる「誓約引揚者」であった。

協力者、情報源

またラストボロフは自らハバロフスクの日本人捕虜収容所を訪問して、そこで協力者を獲得しており、その数は500人にも上ったという。スパイは5年から20年は日本国内で寝かせて潜伏させ、ほとぼりが冷めた頃に指示を与えるというやり方であった。

ウズベキスタンのアングレン収容所でリクルートされた元大蔵官僚の田村敏雄は、後に首相となる池田勇人（いけだはやと）の側近となり、池田が結成した宏池会の事務局長を務めるまでになっている。こうして池田の持つ政財界の情報がソ連側に渡ることになる。[24]

このようにラストボロフの工作の効果は大きく、日米間の外交交渉の内実や朝鮮戦争における米軍の軍事情報等がソ連側に筒抜けとなっていたようであり、政治の中枢にまでその情報網は及んでいた。その中でラストボロフが最も重視した情報源が、当時外務省欧米局第五課事務官の日暮信則であった。日暮は逮捕される1954年までラストボロフに外務省の資料を提供し続け、それと引き換えに8年間で7000ドル（現在の貨幣価値で数億円程度）を受け取っていたとされる。[25]

ラストボロフが急速にその情報網を構築していったにもかかわらず、それは日米の監視に引っかからなかったようだ。ここでも戦後日本の防諜体制の弱体化が窺える。意外なことに事件発覚のきっかけはスターリンの死去に伴うソ連保安機関内の政争であった。この時、札幌でスピードスケートの国際選手権大会が開催され、ソ連選手団の監督として来日したのがロザノフという保安機関の関係者であったという。[26] ロザノフの目的はラストボロフを逮捕してソ連に送り返すことであり、これを察知したラストボロフが慌てて米国に亡命して内々に証言を行ったことで事件が発覚した。

米国からの要請を受け、警視庁警備部公安第三課は直ちに日暮、外務省国際協力局第一課員の庄司宏、外務省経済局経済第二課事務官の高毛礼茂を国家公務員法の守秘義務違反で逮捕。その後、日暮は検察での取り調べ中に窓から中庭に飛び降りて自死し、高毛礼は懲役8ヵ月、罰金100万円、庄司は証拠不十分で無罪判決となった。また事件が明るみに出る前に、米国のCIAから公安調査庁に対して内々に日本人協力者の確認作業依頼があり、調査第一部長の特命で関東公安調査局が日本人協力者に対する監視、調査活動を行い、ソ連大使館員との接触の瞬間を写真に収めることにも成功している。[27]

ラストボロフ事件は調査室の主導権を握ろうとした外務省に対する警察の反撃のようにも映るが、その実態は複雑であった。実はソ連に情報を漏洩していた日暮と庄司は調査室にも属しており、特に日暮は村井の側近でもあったため、事件は調査室の秘密保全体制の不備を示すものとなる。

調査室は情報収集の分野では積極的に予算や人員を拡大していたが、保全体制についてはそれほど危惧していなかったようである。遡ること1945年10月に戦前の国防保安法や軍機保護法といった秘密保護法制は廃止されており、戦後は新たに制定された国家公務員法第100条（国家公務員の守秘義務）があるだけだった。この法律は国家公務員が秘密を漏洩した場合、1年以下の懲役又は3万円以下の罰金という諸外国と比較するときわめて軽微な罰則しか規定されておらず、日本国内で外国スパイを取り締まる、いわゆるスパイ防止法については検討すらされていない有様であった。

村井事件とラストボロフ事件によって、調査室と外務省はともに痛手を被った形だが、特に外務省のほうは調査室を自分たちの縄張りとすることに失敗したといえる。その結果、外務省は調査室の活動に無関心となっていく。そもそも調査室が対外情報収集を行う上で、在外公館や外交電報、パスポートの発行権を有する外務省の協力は必要不可欠であったが、それが得られないとすれば、調査室が海外に人員を派遣して活動していくことなど土台無理な話であった。

そしてその後、「海外情報の外務省一元化」という原則が確立していくことになる。これは戦前に陸海軍が独自に情報を勝手に報告し、日本外交を混乱させた反省に基づくもので、海外に関する情報はすべて外務省で取り仕切り、調査室を含む他省庁の活動はこれを認めない、というものである。基本的に他省庁の職員を海外に派遣する際は、外務省職員の形で大使館に出向するため、防衛駐在官や警察アタッシェ（出向職員）が得た情報も、基本的には外交公電を使用し、外務本省に送ることになる。そして外務省がその情報の重要性を判断し、親元の各省庁に送ることになるが、情報が外務省で放置されるケースも多かったという[28]。

つまり、この原則がある限り、たとえ日本が対外情報機関を設置したとしても、それを外務省の傘下に置かないと、海外から東京に安全なルートで情報を送ることすらできなかったのである。

4　内閣調査室への改編

組織の確立

1950年代後半になると、調査室は他省庁や野党から批判の目を向けられるようになっていた。その理由は、組織の不透明さである。このような性質は国民にも、戦時の憲兵隊や特高による監視活動を彷彿とさせた。それまで調査室は米国の要請や吉田・緒方の政治的庇護の下で、泥縄式に情報活動を進めてきたが、そのようなやり方は、国会で野党議員からの追求を招くようになる。当時の国会議事録を見ると、担当者が「知らぬ存ぜぬ」の答弁で苦慮していたことが窺える。そこで政府は、元内務省警備局保安課長で当時内閣官房副長官であった岡崎英城（おかざきえいじょう）を中心として、調査室に制度的な根拠を与え、予算を拡充しやすくするよう改編に着手した。

1957年の内閣官房組織令によって、調査室は総理府から内閣官房に移される。内閣調査室（内調）となったことで、より内閣のための情報組織という色彩が強くなり、官房長官に対して毎週の報告を行うようになるが、それでも外務省や他省庁から見ればまだ新参者に過ぎなかった。内調の機構は、警察官僚である古屋亨（とおる）が三代目室長となった頃に確立されている。この頃になると、室長ポストは警察で次長ポストは外務、という慣例も固まり、1956年1月から調査室は『調査月報』を発行するようになる。

まず内調を発展させるには予算と人員を拡充しなければならず、内閣法第16条の定員の項を改定して、36名の定員から51名に増員した。組織は、国内部（第一部）、国際部（第二部）、報道調査部（第三部）、資料部（第四部）、研究部（第五部）、情勢判断会議（第六部）の六部制であり、それぞれの部のトップである主幹の多くは警察官僚で占められた。この中で重視されたのは国際部であり、第一班は朝鮮半島、第二班は中華人民共和国、第三班は東南アジア、第四班がソ連・東欧であり、第五班は軍事、第六班は西欧担当であった。軍事を担当する第五班には、久住忠男(くすみただお)元海軍中佐が班長として参加していた。久住は戦前、海軍大学校教授を務め、戦後、政界に広く影響力を持っていた天川勇(あまかわ)の推薦で内調に参加したという。軍事班では週に一度世界の軍事情勢を報告し、これを半年ごとにまとめて資料として刊行していた。[29] またそれぞれの班には7名程度の分析官が配置されていたようである。[30] この班編成はアジア、特に中国や朝鮮半島情勢を重視するもので、欧米を重視する外務省とはある程度の差別化が図られたのではないかと考えられる。

この頃の内調の任務は、①情報収集、②各省庁との連絡調整、③内閣の情勢判断のための資料作成にあった。①の情報収集については、予算も3億円程度となり、設立当時の倍となっているので、内調が順調に組織化されていったことが窺える。ただし内調は直接情報を収集するのではなく、外部委託によるところが大きかった。3億円の内、1億円が情報提供者に払われる機密費で、一件約4万～5万円が謝礼として支払われていたという。[31] さらにもう1億円が情報調査委託費として、NHK、共同通信、ラヂオプレス、アジア問題研究会、日本社会調査会、東京出版研究会、国民出版協会、日本文化研究所等から海外のニュース等の公開情報を集めるために使われていた。

内調の言論工作

内調の外郭団体として機能していた先述の世界政経調査会は、公開情報に基づく調査を行い、『国際情勢』という雑誌を出版していたが、１９６６年10月に調査会の元職員であった内河昌富（まさとみ）がハバロフスクでソ連当局に逮捕されるという事件が起こっている。内河は天理大学でロシア語を学び、大学卒業後の61年３月に調査会の職員として採用されたものの、同年８月には自己都合で退職している。その後、東亜経済研究会、株式会社武田洋行といった職場を転々とし、66年４月には水産庁に非常勤の通訳として採用され、漁業取締船の東光丸に乗り込んでソ連領内に立ち寄ることもあった。ちなみに天理大学には当時、公安調査庁等の職員が中国語と朝鮮語を学ぶために派遣されており[32]、内調とも何らかの関係を持っていたものと推察される。

内河は逮捕後、ハバロフスク軍事法廷において世界政経調査会及び内閣調査室の委託を受けてやったことを認め、４年間の自由剝奪（はくだつ）（懲役２年、強制労働２年）を宣告されている。ソ連側の裁判資料では「内河は日本の内閣調査室及び世界政経調査会の指令を受け、ソ連の国家的軍事的機密に属する情報、日本の関係機関に提供されることによりソ連の利益を害するよう使用されうる性格の秘密情報を蒐集（しゅうしゅう）しようとし、また、実際に写真撮影、肉眼観察及びソ連市民との会話によって蒐集した」（第55回国会　衆議院　法務委員会　第33号　昭和42年7月14日）ということであったが、これに対して内閣調査室、そして世界政経調査会は知らぬ存ぜぬの態度を貫き通した。内河が内調や調査会から何らかの仕事を請け負っていたのかどうかは定かではないが、少なくとも内調は当時、共産圏を旅行した個人や企業の社員から当地の様子について聞き取り調査（デブリーフィング）を行うことがあり、内河の活動もこの延長上にあったものと考えられる。

内調の知られざる任務としては、世論・言論調査がある。当初は外務省の曽野明の発想で、志垣民郎がそれを実行していたが、これはどの言論人が戦前に軍国主義や戦争礼賛を行い、戦後は転向して平和主義、民主主義礼賛を唱えるようになったかを調べたものである。これが論壇誌『中央公論』の粕谷一希の目に留まって評価されたようで、志垣らはこの種の調査にのめり込むようになる。１９９０年代に内調室長を務めた大森義夫は、「内調が論者たちを結集できたのには縁の下の力持ち、Sさんという白髪の担当者がいた。『文藝春秋』、『中央公論』などの論壇をずっとフォローしていて安全保障論の筆者目録を作っていた」と書いているが、[33] これは志垣のことであろう。

特に60年安保への反省から、日本に現実主義的な安全保障政策の議論を定着させるべく、志垣らは進歩的文化人への攻撃を行う一方で、現実主義的学者、言論人の育成に時間と資金を投入していく。志垣の目録を見ると、江藤淳や高坂正堯、若泉敬ら127名もの錚々たる顔ぶれが揃っている。[34] 大森はこの内調の機能を、「〔調査室が〕「警察の出先」を脱して、一つの社会的機能を持った」と高く評価している。[35]

まとめ

吉田・緒方・村井のトライアングルによって、戦後日本の対外情報機関構想は政治的な推進力を得た。しかし吉田の政治的求心力の低下、緒方の急逝、そして村井の更迭によって、せっかくの構想は頓挫してしまう。そこには省庁間の縄張り争いや平和主義志向の世論も影響していた。その結果、予算や権限がほとんど与えられないまま調査室が設置されるに至る。秘密保護法制については未着手のままであった。

中央情報機構設置の頓挫は、その後の日本のインテリジェンス・コミュニティに影を落とすことになった。戦前は強力な権限を有した軍部が中核となって日本のインテリジェンスを牽引していたが、戦後はこのような中核となる組織を欠いたままの船出となったのである。

形式上、コミュニティは、内閣調査室、外務省、警察庁、公安調査庁で構成されていたが、

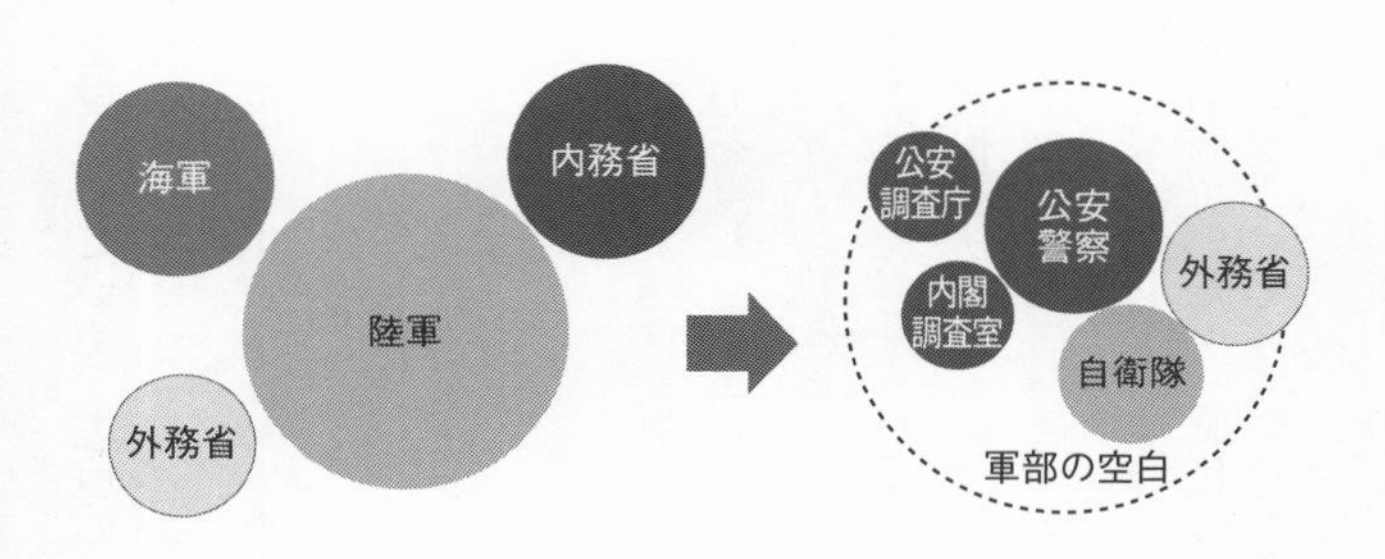

図2－4　戦前から冷戦期のインテリジェンス・コミュニティの変遷

戦前のインテリジェンスの中心であった陸海軍に匹敵する組織は存在しなかった（図2－4）。そのままでは、法的な縛りを持たないコミュニティが四散してしまうのは時間の問題であった。

この点については元内閣情報分析官の小林良樹が「第二次世界大戦後の我が国においてはインテリジェンス業務の専従機関が設置されず、この結果として生じたいわば「行政の隙間」を警察が埋めた」と説明するように[36]、その後インテリジェンスの空白地帯は、防衛庁・自衛隊の創設も含め、警察官僚の手によって補完されていく。

特に内閣調査室長や公安調査庁第一部長、さらには防衛庁・自衛隊の情報部門を警察官僚が占めていくことで、冷戦期の日本のインテリジェンス活動は警察主導で進むことになる。

第3章

冷戦期の攻防

1　日本の再軍備化と軍事インテリジェンス

陸上自衛隊幕僚監部第二部

1951年9月8日、日本はサンフランシスコ平和条約によって独立を果たし、同日の旧日米安全保障条約によって、引き続き米軍が日本領土内に留(とど)まることが決定した。すでに朝鮮戦争の勃発を契機として50年8月に警察予備隊が設置され、それは保安隊を経て54年6月に防衛庁・自衛隊として発足することになる。

しかし戦前の反省から、この新たな組織には暴走を防ぐための様々な安全弁が仕込まれた。戦後日本はまず日本国憲法第9条によって戦争を放棄し、軍事組織である自衛隊は他国から侵略された時のみに自衛権を発動することが許容された。また軍人が大臣を務めていた戦前とは異なり、戦後は選挙によって選ばれた文民の政治家が防衛庁長官となることで、文民統制（シビリアン・コントロール）の原則が徹底された。さらに外務省組織令によって、日本の安全保障政策については外務省の所掌事務となったので、防衛庁・自衛隊はそこに関与することができなかったのである。

このような安全弁は、インテリジェンス分野の活動においても同様であった。自前の組織に加え、内閣調査室や公安調査庁の枢要ポストを確保することで、戦後日本のインテリジェンス・コミュニティの中心に躍り出た警察は、防衛庁・自衛隊が発足すると、その情報ポストを押さえることになる。後述するように、防衛庁内局の調査課長や陸上自衛隊幕僚監部の調査第二部別室長、である。

当時、防衛庁・自衛隊のインテリジェンスの中心的役割を担っていたのは陸上自衛隊（陸自）である。組織上は情報活動を統括する陸自幕僚監部第二部の傘下に、情報資料を収集する中央資料隊、防諜業務を行う調査隊（ＣＩＣ）、米軍と隠密(おんみつ)活動を行う特別勤務班（別班、ムサシ機関）、電波傍受を行う第二部別室などが存在していた。

１９５４年に陸上自衛隊幕僚監部第二部（第二部）が設置されると、そこでは情報調査の業務、特にソ連を始めとする共産圏の情報の収集と分析を行うことになる。必要に応じて旧日本軍でソ連情報を担当していた者やロシア語のできる者たちが集められ、中には太平洋戦争期にフィンランドで駐在武官補としてソ連暗号の解読を行っていた広瀬栄一や、後にソ連のスパイ事件で逮捕される宮永幸久も含まれていた。

第二部ではソ連から日本に帰国してくる引揚者の聞き取りや、ソ連で発行される新聞や雑誌といった公開情報の分析、ソ連のラジオ放送の受信、翻訳業務等も行われていた。当時第二部に勤務していた佐藤守男（さとうもりお）の回想によると、ソ連の公開情報から、ソ連の一般社会情勢、政治動向、軍の活動、船舶、造船所、民間航空、港湾の状況、鉄道、道路、パイプライン、通信状況、石油・石炭の生産、農水産業状況、製紙、林業、建設事業、電力、民間防衛組織、共産青年同盟の活動、天気予報まで幅広い情報が収集されていたようである。[1]

時を同じくして、1954年には小平に陸上自衛隊調査学校が設置される。その目的は、「防衛および警備のために必要な情報に関する業務等に必要な知識及び技能を習得させるための教育訓練を行うとともに、情報関係部隊の運用等に関する調査研究を行う」とされた。教科は戦略情報、情報、航空写真判読、地誌、調査、心理戦防護、英語、ロシア語、中国語、朝鮮語であり、卒業者たちは第二部の調査隊や資料隊に配属されていった。[2] また調査学校の対心理情報課程を修了した者は「青桐グループ」と呼ばれ、後述する別班勤務となることが多かったようである。ただし調査隊の発展に尽力した松本重夫によると、心理情報課程はインテリジェンスというよりは、レンジャーやゲリラ等の特殊工作活動を想定していたという。[3]

第二部は創設されると直ちに日本のインテリジェンス・コミュニティの一員として、他省庁との情報共有にも乗り出し、毎月内閣調査室や外務省のソ連課とも情報交換会を実施していた。[4] 外務省のほうには太平洋戦争中に参謀本部ソ連課長を務めた林三郎元大佐が嘱託職員として、公安調査庁には同じくソ連班長を務めた甲谷悦雄元大佐が勤務していた。佐藤守男は、第二部が治安機関にソ連の樺太縦貫鉄道の情報を提供し、先方から高い評価を受けていたことを回想している。[5] さらに第二部の米側のカウンターパートは、キャンプ座間の米陸軍司令部参謀第二部（G2）であり、その隷下の第500部隊と頻繁に接触して情報交換を行っていたという。第500部隊にも、陸軍参謀本部で支那班長を務めた山崎重三郎ら旧軍の情報関係者が40〜50名ほど勤めていた。[6]

かたや中央資料隊のほうは、厳密には第二部隷下の組織ではなく、陸上幕僚監部直属の組織であったが、第二部長が中央資料隊長を区処するという関係であった。「区処」とは「取り計らう」の意味で、直接指揮はできないが、特定の事項については第二部長に指揮を委任するというものである。中央資料隊の任務は、基本的に自衛隊の活動に資するための資料（主に公開された文書や地誌情報）を収集・整理・保管するものであり、外国で発行された印刷物の翻訳も任務とされていた。特にソ連については、『プラウダ』『イズベスチヤ』、各国共和国政府・党機関紙、ソ連国防省中央機関紙『赤星』、その他軍関係機関誌等が中央資料隊で翻訳、保管されていたようである。[7]

旧陸軍中野学校を卒業後、陸上自衛隊調査学校（中国語課程）を経て各部隊の資料隊で勤

図3-1　後藤田正晴（1914-2005）　読売新聞社提供

務した寄村武敏は、中国情報については米軍からもらうより与えるほうが多かったと証言している。自衛隊には中国専門家が10名ほど、在日米軍には50〜60名が在籍していたが、質量ともに資料隊の情報が勝っていたという。[8] 後に第二部長となる塚本勝一も、「陸上自衛隊の中央資料隊が持つ情報の正確さを米軍も認め、連絡会議は熱のこもったものになっていった」と述懐している。[9]

調査隊（CIC）、特別勤務班（別班、ムサシ機関）

他方、1952年9月には情報保全業務を行う調査隊（CIC）が214名の規模で警察予備隊（自衛隊）に設置される。初代の隊長は警察官僚の磯山春夫であり、上司の調査課長はやはり警察官僚の後藤田正晴（図3-1）であった。当時調査隊の創設に関わった松本重夫によると、調査隊は旧陸軍中野学校出身者を多く受け入れ、自衛隊にとって初めての独立した「情報機関らしい組織」だったという。[10] 組織設立のために、米軍のCICを見学したり、指導を受けることもあった。

創設当初の任務は部隊の防火設備・規制の検査点検といった地味なものであったが、組織が自衛隊となって拡大されると、秘密保全業務が主なものとなっていく。部内の機密書類や身分証、制服、武器紛失の調査、共産党勢力による自衛隊への浸透阻止、さらには部隊内の共産党のスパイを見つけ、別件を口実に辞職させるようなこともやっていた。その後、１９６０年には防衛庁長官直轄の中央調査隊に改編され、国内の反自衛隊勢や北朝鮮、ソ連に対する防諜活動を任務とするようになる。特に１９６０年代は部内から週刊誌への情報漏洩が多かったらしく、時には警察と連携して隊員を尾行するなどの調査活動を行っていた。

特別勤務班（別班、ムサシ機関）については情報が錯綜していたが、１９７６年４月国会で金大中（キムデジュン）事件への関与が疑われたことにより、その存在が判明する。[11] そして１９７８年には『赤旗』特捜班が『影の軍隊』を出版したことによって、一般にも知られることになる。本書内では、別班は「日本のＣＩＡ」と形容され、米陸軍第５００部隊と連携して、金大中事件に関与したと綴られているが、これはかなり誇張された表現のようだ。[12] 元別班員の坪山晃三は「実際にはそんな活動はしていません」と証言、[13] 三島由紀夫事件で有名な山本舜勝（きよかつ）も別班で米軍との連絡担当幕僚を務めていたが、『赤旗』の著作はかなり誇張・歪曲（わいきょく）されたものだと指摘している。

坪山によると、別班は朝霞（あさか）の米軍キャンプ・ドレーク内に25名ほどの人員を抱え、任務は海外旅行者や商社員に聞き取りをして中ソ北朝鮮の現地情報を得ることであったらしく、調査能力は同じ第二部の調査隊のほうが上だったという。金大中事件への別班の関与については不明な点が多いが、韓国中央情報部（ＫＣＩＡ）の依頼を受けて坪山が、当時東京に滞在していた金の所在を確認したことは確かなようである。ただしこの頃、坪山は陸上自衛隊を退職しており、後の金の拉致には関与していない。[14]

では、別班はどのような経緯で成立したのか。別班長を務めた平城弘通（ひらじょうひろみち）によると、１９５４年頃に在日米軍が日本政府に対して、日米共同防衛作戦の実施と自衛隊による秘密情報工作員育成の必要性を提案したことが事の発端であった。当時ＣＩＡは内調や公安調査庁と協力していたため、米軍としても同様に日本国内にカウンターパートを持っておきたかったものと推察される。その後、日米間で軍事情報専門家訓練（ＭＩＳＴ）協定が結ばれ、同年9月から朝霞で教育訓練が開始されている。最初に派遣されたのが、当時第二部保全班の山本舜勝であった。

その後、１９６1年6月30日に防衛庁長官承認の下で、広瀬栄一第二部長とウッドヤード米陸軍第５００部隊指揮官との間で新協定が結ばれ、日米双方で人員と資金を分担（日本が25％、米国が75％）して創設した組織が「ムサシ機関」と呼ばれるようになる。ムサシ機関では自衛官も私服勤務とされ、極東ソ連、北朝鮮、中国、北ベトナム等共産圏に対する調査活動が目的とされた。基本的には国内での活動に限定されていたものの、平城の回想によると、アジア地域の駐在・往復する商社員、ソ連・北朝鮮の港に寄港する可能性のある漁民にも訓練を施し、ある程度は海外の情報も収集していたようである。1960年当時の工作資金は毎月40万円程度、謝礼は一件2000円程度と内調や警察の一〇分の一程度の額だったという。[15]

いずれにしても別班は第二部長の隷下に置かれ、防衛庁内局の防衛局長、運用課長、調査課長らも承知している存在であったため、自衛隊の極秘機関とはいいがたい。ただし1973年時点の国会において久保卓也防衛局長が「私ども別班というものを持っておりません」（第71回国会　衆議院　内閣委員会　第52号　昭和48年10月9日）と発言していたように、できれば世間一般からは秘匿しておきたい組織であったことは確かである。同じ第二部には通信傍受業務を専門に行う「別室」が存在しており、別班はこの別室と比較され、秘匿度の高い組織と指摘されることもあるが、実際には後述する別室のほうが秘匿度が高く、謎の部分も多い組織だといえる。

また米軍との情報協力で秘匿度の高かった活動としては、海上自衛隊（海自）の潜水艦による情報収集活動が挙げられる。1970年代に米海軍の潜水艦が黄海で中国海軍の潜水艦に攻撃された事案から、米軍は海自に中国艦船の無線傍受を要請した経緯がある。当初、海自のほうは消極的であったが、80年代に入るとその要請を受け入れ、米軍から提供された通信傍受用の機器を海自の潜水艦に積み込み、相手の領海近くまで忍び寄って電波を収集していた。情報収集の対象は後にソ連も加えられる。実際の作戦には、海自の潜水艦で最も技量の高い1隻が選ばれ、「任務艦」という称号で船出したという。戦闘に巻き込まれたり、国際問題に発展する可能性もあったので、海自の中で最も秘匿された活動であった。[16]

2　秘匿される通信傍受活動

通信傍受、暗号解読

戦前に日本陸海軍と外務省が行っていた「通信傍受（シギント）活動」の再開については、終戦直後からあまり進展していなかった。先述の辰巳栄一や小野打寛（おのうちひろし）元陸軍少将らは、日本国内での通信傍受活動の再開を試みたが、GHQの許可が下りなかった。その原因はやはり米国の対日警戒にあったとされる。他方、1947年初頭に中国国民党から旧軍関係者に暗号解読への協力要請があり、ソ連暗号の専門家、大久保俊次郎・元陸軍大佐、井上仲次・元陸軍中佐、松岡隆・元陸軍中佐、小野地成次らが中国に派遣され、南京で国民党の特務機関、軍事委員会調査統計局の魏大銘らと協力して対ソ暗号解読を行っていた。

シギントは諸外国の電波通信を傍受して分析・解読する情報活動である。同分野は基本的には軍事インテリジェンスの分野と見なされていたが、当時は旧軍人たちが一個人でシギント活動を再開するのは困難な時代だった。そのため戦後日本のシギントは、それぞれの省庁の所掌に応じた小規模な組織が幾つも立ち上げられる。大まかには内調が主導する形で運営された陸自幕僚監部第二部別室（別室、または二別）、警察庁の「ヤマ」、公安調査庁の寺田技術研究所、そして外務省船橋分室である。

日本陸軍で中国暗号の解読に従事していた横山幸雄・元陸軍中佐は、次のように証言している。

　国家的な一本の特情〔通信傍受〕機関再建の見込みが薄くなったのを見越して各方面とも各組織の中に隠れた私的特情機関の設立に動き出したのが昭和二七年春である。この計画は外務省、公安調査庁、防衛庁、内閣調査室と期せずして前後して各連繫もなく秘密設立に向かった。この系統のうち、公安調査庁は共産党の血のメーデーが最後的決定を促進して七月、破防法が通過した為に、戦後特情再建の先鞭をつけ、その年の八月外務省に、一〇月には防衛庁にそれぞれ、私物の特情機関が再建され、内閣調査室は設立主任者をめぐる派閥的問題から前三者に遅れその翌二八年四月、初めて設置された。[17]

（鳥居英晴『日本陸軍の通信諜報戦』）

内閣調査室はその創設時に「内閣総理大臣官房調査室に関する事項」という文書を作成している。その中で「重要懸案事項」として、機構拡充の予算、中央資料室の整備、外国放送受信機関の設置、通信情報機関の設置、といった項目を挙げており、最後の「通信情報機関の設置」はまさにシギント活動の再開を意図したものであった。

日本は地理的に中露・朝鮮半島に近い上、これらの国々から発せられる超短波を受信するには理想的な位置にあった。そのため米陸軍のほうでは1948年頃には東京北部のキャンプ王子でソ連の無線通信を傍受・解読する活動を行っており、米海軍も大湊で通信傍受活動を開始している。[18] さらに英国の政府通信本部（GCHQ）も朝鮮戦争を受け、沖縄の米軍キャンプ瑞慶覧（ずけらん）に間借りする形で、通信傍受の拠点を設置している。[19]

これらの施設では現地の日本人が雑用やインフラ整備にあたって雇用されることはあったものの、日本政府が情報収集の名目でこれらの組織と連携することはなかったようである。当時の部内資料によると、日本側では米国と相談しながら、外国、特にソ連及び中国等の暗号電信を傍受、解読する特殊機関を設置し、重要な情報の捕捉にあたらしめる、という計画を構想していた。[20] しかしUKUSA（ユーキューサ）協定を締結し、通信傍受情報を共有できた米英とは異なり、日米関係では米軍が旧日本軍の通信傍受施設を使用して、情報を独占するという形だったため、情報が日本に提供されることはほとんどなかった。

1950年8月に警察予備隊が発足すると、すぐに警察予備隊総監部調査部に暗号班が立ち上げられる。さらに1952年7月に警察予備隊が保安隊に改組されると、同年秋に保安隊第一幕僚部第二部内に陸軍参謀本部で特種情報に携わっていた川崎丑之助・元少佐を隊長とした分遣隊が設置された。同分遣隊は埼玉県の大井通信所に派遣され、旧陸軍の北多摩通信所に勤務していた要員が集められ、共産圏の電波を傍受する任務を開始した。[21]

当初は電波傍受を保安隊で行い、傍受した暗号通信は内調で解読するという分業制だった。後に後藤田正晴は朝日新聞のインタビューで、「それ〔電波傍受〕は内調の情報の中心だった。最初の施設は埼玉県の大井通信所だな。あれはね、近隣諸国で軍の部隊や艦隊が集まったときには、無線による交信が非常に多くなるので、すぐ分かる」と語っており、[22] 通信傍受が内調の主な情報収集手段だったことが示唆されている。内調は暗号解読情報によって極東のソ連船舶の合計を約70万トンだと割り出したりもしたが、人員定数の制限により多くの暗号官を抱えることができなかったため、1953年6月には内調での暗号解読作業は中止されている。[23]

なお1950年にはすでに電波法が制定されており、その第59条には「特定の相手方に対して行われる無線通信を傍受してその存在若しくは内容を漏らし、又はこれを窃用してはならない」とあるため（電波法　第59条）、日本政府としては電波法に抵触する恐れのある通信傍受活動はなるべく秘匿する方針を取っていた。ただし電波は発信とともに四方八方に広がっていくものなので、それを「拾う」こと自体はそれほど問題がないという解釈はある。後述する大韓航空機撃墜事件のように、通信傍受活動が世間を騒がすケースもあり、その際には国会で通信傍受活動が「窃用」や「漏洩」にあたるのではないかと指摘されている。[24]

当時の電波情報の運用概要は以下のようなものである。

外国特にソ連及び中共等の暗号電信を傍受解読する特殊機関を設置し、重要な情報の捕捉に当たらしめる。本機関は、調査室、保安庁〔防衛庁〕、国警〔国家地方警察〕、外務省、公安調査庁の連絡協議会において既に了承され、本経費として調査室において三千万円、保安庁において四億円を二十八年度予算に計上していたが予算不成立のため保安庁及び調査室の既定予算の範囲内で小規模ながら活動を開始している。[25]

（吉原公一郎『謀略列島』）

この連絡協議会（もしくは五者協議会）については不明な点が多々あるが、「調査室、保安庁（防衛庁）、国警（警察）、外務省、公安調査庁」というその後の日本のインテリジェンス・コミュニティを形成する組織が、この時代に協議会を開いていたことは興味深い事実である。

その後1954年9月、内調において電波情報関係連絡会議というものが開催されている。議事録によると、「第一番として、中央に強力な暗号通信情報機関を作る。調査室はその事務局として世話をする。第二番目、保秘上、その名称、所属等について特別の考慮を払うこと。第三番目に、その運営方針は、要員の身分にとらわれず、すべて連絡委員会の決定によること」とある（第75回　衆議院　内閣委員会　第21号　昭和50年6月3日）。

自衛隊の「別室」

シギントを担う保安隊の分遣隊のその後を見てみよう。組織は、陸上自衛隊（陸自）第一幕僚監部通信課暗号班、そして1958年4月1日には陸上自衛隊幕僚監部第二部別室（別室、または二別）となる。当初は傍受、解読、総務の人員220名、運用資金が1・4億円の規模であった。その中に旧日本軍から暗号の専門家20名ほどが参加しており、ソ連、中国、韓国、北朝鮮の電波を傍受して解読することが任務となる。当時第二部に勤務していた平城弘通が「通信情報分野は非常に高いレベルにあった。そんな、暗号の神様のような者が二人、二部別室にいた」と回想しているが[26]、おそらくその内の一人は旧陸軍の暗号解読の専門家であった釜賀一夫だろう。

別室は組織上、第二部にあったが、歴代の陸上幕僚長や第二部長は別室について全くといってよいほど関与していなかった。そして防衛庁・自衛隊を束ねる立場にあった防衛事務次官経験者も、「アンタッチャブルの世界ですよ」と語っている[27]。

そもそも陸上自衛隊の組織にもかかわらず陸海空の自衛官が勤務していた上、初代の室長は前北海道警察本部警備部長、つまり警察官僚の山口廣司が勤めており、その後も警察官僚で代々占められていた[28]。室長は内閣調査官も兼務しており、別室の予算も陸幕とは別枠だったため、「陸上幕僚監部」に属すものの、実態は陸幕よりもむしろ内調と密接な関わり合いを持つ組織であった。これは当時、生まれて間もない防衛庁・自衛隊よりも、官邸に直結する内調のほうが通信傍受情報を必要としており、当初は施設を有する自衛隊で通信傍受を行い、内調で暗号解読して官邸に上げるというような制度設計となっていたためである。

つまり室長の役割は、陸幕の通信傍受情報を内調に運ぶような連絡官的役割があったものと推察される。その後、内調の人員定数の関係から、陸幕の別室で通信傍受と暗号解読を行うようになったが、内調との関係はそのまま維持されたようである。さらに当時は野党や世

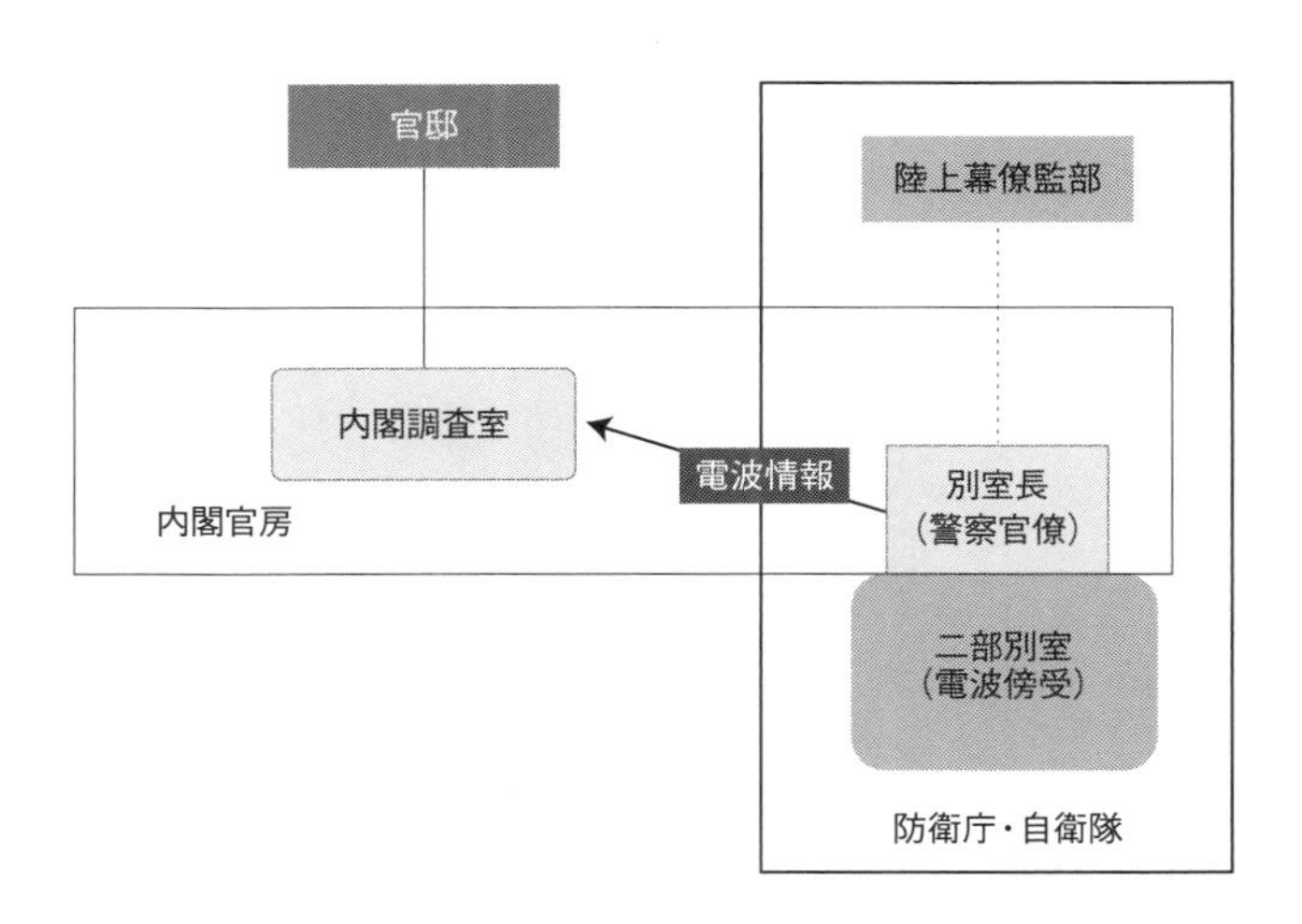

図3－2　陸上自衛隊幕僚監部第二部別室（別室）の運用

論に配慮して秘匿が優先されたことから、注目を集めそうな内調よりも陸幕に組織を置いておいたほうがよいという判断もあったのだろう（図3－2）。

この点については1975年に当時日本共産党の中路雅弘（なかじまさひろ）代議士が国会で以下のように発言している。

陸幕長が人事管理権の保持者になっていない。別室長は別室長だ。では上はどこだということになれば、実際は内閣調査室につながっている、中心にした五者協議会に。ということが私は歴史的な経過だと思うのですね。

〔中略〕最初五者の機関として、いわば日本のCIAの電波情報機関として中央機関を持ちたいと思ったけれども、それは言えなかった。計画は実現しなかった。だからその五者で、内閣調査室が中心になって、自衛隊の通信部隊、これを使って運用していこうというふうに考えた。（第75回国会　衆議院　内閣委員会　第21号　昭和50年6月3日）

このように、別室は陸幕にありながら内調との繋がりが強い組織であった。防衛庁内では背広組の組織である防衛局調査課（課長は警察官僚）とも繋がっていたようである。その後、別室傘下の通信所として、1954年12月に福岡県太刀洗（たちあらい）通信所、1957年1月に北海道米軍東千歳通信所の稚内（わっかない）分遣班、同年8月に新潟県小舟渡（こふなと）通信所、1960年12月に東千歳通信所根室（ねむろ）分遣班、1962年4月に鳥取県美保（みほ）通信所、同年10月に鹿児島県喜界島（きかいじま）通信所、1965年7月北海道東根室通信所、1971年10月に東千歳通信所において電波傍受活動が開始されており、別室自体も1978年1月には陸上自衛隊幕僚監部調査部第二課別室（調別）に改編されている。[29]

稚内通信所は1951年から米軍が独占的に使用していたが、そこに陸自と空自が分遣班を送って補助的な通信傍受業務を始め、1975年に同通信所が日本に返還されることで、ようやく別室の傘下に入ることになった。ただしその後も米軍は文民官の肩書きで職員を通信所に派遣しており、日本の国内世論に配慮して表向きは稚内通信所での米軍の存在を消していたという。[30]

通信所が北海道や日本海側に多くあるのは、オホーツク海から日本海にかけて出没するソ連軍の航空機、艦艇、潜水艦等から発せられる電波通信をビームアンテナによって追うためであった。一部、ロンビックアンテナという一定方向からの電波を傍受する設備は、ソ連領内の基地間通信を狙ったものと推測される。60年代に東千歳通信所稚内分遣隊長を務めた田中賀朗は、朝日新聞のインタビューで次のように語っている。

担当者は、方位測定と傍受の２グループからなる。前者はループアンテナで電波の発信位置を割り出す。後者が４時間交代でヘッドホンに耳を澄ませる。ソ連空軍のパイロットと基地との交信、軍事演習時の部隊間の会話などが聞こえる。ある時、ソ連の軍事演習をキャッチした。サハリン南端から上陸してくる部隊を途中で迎撃するという内容だった。[31]

同記事で別の元調別室員は、「70年代のソ連のＩＣＢＭ（大陸間弾道弾）発射実験の様子を鮮やかに覚えている。約４ヵ月に１度、ウラジオストクから観測船が次々出港した。船と基地の交信を追った。実験はほぼ100%の成功率。脅威を感じた」という。

別室にいた佐藤守男の回想によると、当時佐藤が担当していたのは、ソ連船舶と基地局の定期交信から船の行先、積荷、寄港地、連絡事項といった情報を収集し、そこから何らかの兆候を見出すことであった。また平城もスターリン死後のソ連の権力闘争については、電波情報から得るところが大きかったと回想している。[32] もちろん船舶以外にも潜水艦や航空機の交信、その他軍事に関わる電波情報も恒常的に収集されており、後述する1983年の大韓航空機撃墜事件では決定的な情報を得ることになる。

また1973年8月8日に東京のホテルグランドパレスから、後に韓国の大統領となる金大中が拉致されるという事件が生じているが、この時、実行犯たちの会話を傍受していたのも別室であった。しかし傍受を担当していたのは自衛官ではなく、内調外郭団体からの出向者であった。朝日新聞の記事によると、当時、軍事案件は自衛官、非軍事案件は内調関係者という役割分担だったそうであるが、別室の所掌は国外の軍事通信の傍受のみなので、国内で情報収集を目的とした通信傍受は所掌を逸脱している。そのため事が表沙汰になることを恐れた内調関係者は、その後、別室から姿を消したという。[33]

警察庁の「ヤマ」と拉致事件

日本のさらなるシギント組織は、警察庁外事課が日本国内に潜伏する北朝鮮の工作員と来訪する不審船とのやり取りを傍受するために設置した「ヤマ」である。かつて日本陸軍が駐日の諸外国大使館・領事館の通信傍受のために設置したのも「ヤマ」機関と呼ばれていたが、直接の関係はない。ただし名前はそれにちなんでいる可能性はある。

警察の「ヤマ」は、東京都下・日野の警察庁第二無線通信所として知られているが、その他にもかつては北海道から沖縄等まで全国に13ヵ所の電波傍受施設と400人の要員を抱えていたといわれている。[34] ただ警察は通信傍受活動については厳格な秘匿を貫いたようで、事実はなかなか見えてこない。秘匿の方針によって、せっかく北朝鮮の不審船の電波を傍受しても、情報を検察に提示して、事件化することに消極的であったことも否めない。

ジャーナリストの竹内明は次のように記している。

1977年9月、東京三鷹市の警備員・久米裕さんが、石川県の宇出津海岸で拉致されたときにも、数日前から通信所が電波を傍受し、石川県警は旅館などに不審者通報を依頼した。その結果、拉致に関与したとみられる在日朝鮮人の男を外国人登録法違反で逮捕、自宅から乱数表が見つかった。男は久米さんを工作員に引き渡したことを認めたが、検察は国外移送罪の適用に反対したばかりか、外国人登録法まで不起訴にした。久米さんが自らすすんで行ったのか、拉致されたのか、被害者がいない以上確認できなかったからだ。検察は一般刑事事件としてこれを扱い、防諜活動であるという認識で判断しなかったのだろう。当時、警察庁警備局外事課に在籍した警察庁キャリアはこう憤る。「検察による不起訴処分が北朝鮮の諜報機関を増長させた」。一方で、「警察も国民に警告できなかった」と告白する。[35]

（「北朝鮮拉致問題と背乗り（ハイノリ） 第3回 公安警察vs.北朝鮮工作員「ナミが出た！」」）

宇出津（うしつ）事件と呼ばれる事案である。この時、「ヤマ」は北朝鮮の電波を傍受しており、警察庁は事前に日本海沿岸の県警にKB（コリアンボート）情報を出して警戒を呼び掛けていた。[36] さらに石川県警の警備部は協力者の家宅捜査によって北朝鮮の暗号書も入手していたものの、警察は通信傍受活動の秘匿をより重視したため、国民への注意喚起が行われなかった。また当時のマスコミは拉致ではなく密出国事件として報じたため、世論の関心も集まらず、その結果、1970年代後半から80年代前半にかけての一連の拉致事件を抑止することができなかった。

公安調査庁のほうでも1952年9月5日、「寺田技術研究所」という民間研究機関に偽装した組織で通信傍受を開始している。発足当時は横山幸雄・元陸軍中佐が所長を務め、その下に元陸軍北多摩通信所長の松岡隆・元中佐やソ連情報の専門家、小野打寛・元陸軍少将ら旧軍人が集められた。同研究所は人員6名、150万円の予算で立ち上がったという。2年後には120名にまで拡大し、公安調査庁長官の直轄組織となっている。寺田技術研究所の主目的は国内の破壊活動団体の無線傍受、そしてソ連国内から発せられる電波を傍受することで、日本国内のソ連協力者を特定することであったという。

すでに第2章の「ラストボロフ事件」の節で述べたように、ソ連は戦後日本人引揚者の中に多くの誓約引揚者を忍び込ませていたため、同研究所は通信傍受によってその活動を監視していたのだという。その後も同研究所は中国にまで傍受領域を広げ、遠くはチベットの内情も通信傍受によって把握していた。その後、研究所は株式会社「極東通信社」と名前を変え、1976年8月に解散するまで計381万件もの通信を傍受し、解読に成功した暗号の数は31種類に上ったという。[37]研究所の活動が最も活発だったのは、1957年から62年辺りであり、北海道や九州にも極秘のアンテナを有していた。寺田技術研究所は解散後、スタッフは陸幕の別室に吸収されている。

このように戦後の通信傍受活動は、内閣調査室、防衛庁、警察、外務省、公安調査庁の5者連絡協議会というインテリジェンス・コミュニティの協力によって始まっている。その後、内調と陸幕、警察、公安調査庁、そして外務省（外務省船橋分室）までもが独自に通信傍受活動を実施していたようである。しかしこのような縦割りの所掌事務に縛られた体制は、戦前に陸海軍、外務省がお互いに通信傍受情報を共有しなかった過去を彷彿とさせる。

3　冷戦期の公安警察と公安調査庁

警察庁の隠密組織「サクラ」「チヨダ」

警察が1954年の警察法改正によって組織を改編したのは先述の通りである。では警察の調査及び情報収集の基準はどのようなものだったのか。1960年7月最高裁の東京都公安条例違反全学連事件に関する判例は、公安警察が新たな立法措置によらずその活動を行うことができる、さらにあらかじめ立法措置によって警察の調査活動を規定する必要はない、という方針が定着するきっかけになった。背景には当時の安保闘争の激化があり、まずは公共の安定が最優先されることを示す必要があったためと考えられる。現場の情報収集活動の自由がある程度保証されたことは、公安警察にとっては大きな前進となった。

こうして公安警察は、視察内偵、聞き込み、張り込み、尾行、工作、面接、投入（情報員が潜入して情報を収集する）といった活動によって、情報収集の範囲を拡大させる。[38]その後も国内では、日韓条約成立阻止闘争やベトナム戦争反対闘争、東大闘争など、デモが激化の一途を辿り、１９６９年には共産主義者同盟赤軍派（後の日本赤軍）が結成されるなど、その対応に苦慮するようになる。左翼運動が活発になればなるほど、それを抑える公安警察の役割も増大していく。ただあまりに露骨な取り締まりは世間の警察に対するイメージが悪化するため、情報収集もできる限り隠密に行われていた。

公安警察の中枢であった警察庁警備局の一係が左翼、二係が右翼、三係が外事で、四係が「サクラ」と呼ばれる隠密組織であり、サクラは正式には認められていない盗聴などの手段によって対象の情報を収集していたとされる。しかし１９８６年には共産党国際部長を務めていた緒方靖夫宅の盗聴工作が明るみに出たため同組織は廃止され、その後は「チヨダ」に受け継がれている。[39]

他方、外事警察の主務は国内の外国勢力の監視であり、中ソについては在京大使館、北朝鮮については在日本朝鮮人総聯合会（朝鮮総連）を拠点としているため、基本的にはそれぞれの拠点を定点観測、尾行によって接触者を洗い出すという作業が基本であった。ただ日本にはスパイ防止法が整備されていないため、外事警察の取り締まりは外国人登録法や出入国管理令等に頼らざるを得なかった。冷戦期にはソ連絡みのスパイ事案が12件、中国のものが3件、北朝鮮のものが48件となっている。[40]

北朝鮮については日本海側から不審船によって工作員が不法入国することも多く、警察庁の外事課長時代にその現場を検証した佐々淳行（図3－3）は「彼らが実によく現場を実査し、最適の地点、時期を選んでいる」とその用意周到さを認めている。[41]そのために警察としては「ヤマ」の電波傍受によってその上陸地点を割り出す必要性があった。

図3－3　佐々淳行（1930－2018）

また日本の過激派が海外でテロを起こした場合、その対応は外事課となる。佐々の上司だった後藤田正晴が警察庁長官時代には、海外で生じた事件に対して現地日本大使館の麾下に警備局の課長を派遣し、幕僚として日本大使を支援するという制度が導入されている。[42] 1972年5月30日の日本の赤軍派によるイスラエルのテルアビブ・ロッド国際空港乱射事件、1973年7月20日のドバイ日航機ハイジャック事件、1974年1月31日のシンガポール・シージャック事件では、現地情報収集のために外事課、もしくは公安課の課長級の警察官僚が現地に送られている。

外事警察は国外犯として日本国籍を有する者への捜査権は有しているものの、実際にはその国の法執行機関の領域に踏み込むのは難しく、また現地日本大使館との関係もあり、現実問題として海外での活動は難しい。すでにこの分野では１９５８年から警察庁が在外日本大使館に一等書記官の肩書きでアタッシェ、そして警備対策官を送ることが制度化されていたが、彼らは現地警察との情報交換や人脈形成が主な任務となる。

また、戦前は外務省が外務省警察を有していたため、外務省から見た場合、戦後に警察がこの分野へ進出してきたと映る。そのため、警察の側は外務省にも配慮しなければならず、海外における警察の活動がある程度認められるようになるのは、１９９６年の在ペルー日本大使公邸占拠事件以降のことになる。

公安調査庁の東京五輪

一方、公安調査庁（公調）のほうはどうか。警察官僚が率いる調査第一部（国内公安情報）の下に第一課（総合公安情報）、第二課（極左過激派）、第三課（日本共産党）、第四課（右翼団体）、公安調査庁のプロパーが率いる調査第二部（海外公安情報）の下に第一課（朝鮮半島情勢と日本国内の北朝鮮勢力の監視）、第二課（中国・アジア）、第三課（ロシア、欧米）、さらに外国情報機関との窓口となる国際情報室を備えた陣容が定着した。

公調の任務は破防法に基づき、暴力主義的破壊活動を企図する団体に対して調査を行うことであり、組織に所属しない個人を監視することはできない。その監視対象は以下の16団体、

①日本共産党、②朝鮮総連、③護国団、④全学連、⑤共産主義青年同盟、⑥共産主義者同盟、⑦大日本愛国党、⑧大日本愛国青年連盟、⑨国民同志会、⑩日本同盟、⑪関西護国団、⑫日本塾、⑬中核派、⑭革共同、⑮革労協、⑯革マル派、であった。

よく指摘されるように、第一部は公安警察と所掌事務が重複しているため、同じターゲットを公調調査官と警察官で別々に監視することも生じていた。調査第二部は海外の情報を専門に収集、分析しており、諸外国のインテリジェンス機関に近い。法執行機関（警察）と情報機関は情報収集を行うという点では同じであるが、両者の違いは情報収集を手段とするか目的とするか、という点にある。

調査第二部長を務めた菅沼光弘の回想によると、ソ連の情報機関からソ連に誓約して帰国した日本人協力者に対して、神奈川県の某所に資金や暗号の乱数表を埋めたのでそれを回収するよう指令があったことが、寺田技術研究所の通信傍受から明らかになった。法執行機関であれば現地で監視を行い、回収に来た人物を直ちに逮捕することになるが、情報機関の場合は、この人物を泳がせて監視することで、より多くの情報を収集しようとする。この時、公調は乱数表を先に回収して写真を撮影し、また元通りに埋めておいたという。[43]

1964年東京五輪の際には、日本人引揚者の中に大量のソ連協力者が紛れ込んでいたことや、ラストボロフ事件の際にソ連がスケートの国際大会を利用していたことから、大会の半年以上前からソ連を始めとする共産主義国家のスパイが日本に入国することが公調で警戒されていた。そのため200名以上の人員を割いて、各国の選手団や役員のリストを精査し、友好国の情報機関にもリストを手渡して問い合わせたという。東側選手団のリストから100名を超える工作員を抽出し、工作員たちが羽田空港に到着した時点から監視を貼り付けた。その結果、選手の一部はエントリーした競技に参加せず、都内を転々と移動し、それまでノーマークだった政治家や弁護士に接触するケースが確認されたようである。この東京五輪の監視作業によって、公調の基礎情報が大幅に増え、それまでの米国依存から脱却して、独自の活動を始めることができたという[44]。

この時期の公調の活動については、元調査官の榊久雄が詳細なインタビュー記事を残している。榊は1964年に民間企業から近畿公安調査局に採用され、調査第二部ソ連班で日本国内のソ連勢力を監視する任務に就いていた。榊によると当時の近畿局には100名の職員がおり、その内、40名が第二部配属で、右翼、朝鮮、中国、ソ連に対する調査活動を行っていたそうである。榊はソ連に詳しい人物を探し出し、謝礼によって情報収集を行っていたらしく、重要な順に「A協力者」から「C協力者」まで十数人を抱えていた。またそれとは別に一般的な情報交換を行う「大衆協力者」が10～20人いて、多くはマスコミ関係者や学者だった。

特に重用されたのは大陸からの引揚者で、榊は瀬島龍三の懐刀だった岡島和生にソ連情報の多くを頼ったという。引揚者以外に商社からの情報が重宝され、ソ連のみならず、中国情報や日本赤軍の情報ですら商社員から集めていたそうである。さらに1970年の大阪万博では、後述するKGBのスタニスラフ・レフチェンコも監視対象とし、ホテルの部屋に盗聴器を仕掛けることもやっていたという。[45]

公安警察と公調は国内では共産党や過激派、外国スパイの監視という共通した対象を有しており、対外的にもソ連、中国、北朝鮮という共通の監視対象があったが、お互いに協力することはなく、独自のやり方で情報収集を行っていた。例えば警察は日本国内のソ連大使館員の多くを監視対象としていたが、公安調査官がそのようなロシア人と接触すれば、必ず警察の知るところとなる。そのため公調のほうは、警察の尾行を振り切り、ロシア人にも尾行がついていないことを確認してからでないと接触できないという具合であった。先述の榊は、尾行者が入ってこられないような超高級店で会合を行うことで、警察の監視を断ち切っていたそうである。ただうっかりと公調の公用車で待ち合わせの場所に乗り付けたため、後で警察から問題視されたようなケースもあった。情報共有の面では、やはり戦前と同じ様相だったのである。

4　外務省の対外インテリジェンス

日本の政府機関の中で対外情報収集を担うのは外務省である。外務省は在外公館や外交電信、パスポートの発行権という海外で情報収集を行うためのアセット、さらには外国語に精通した多くの職員を有しており、先述したように、海外情報一元化の原則により外務省が対外インテリジェンスを行うのは必然であった。

他方、外務省は他省庁が海外で独自に情報収集活動を行うことを認めていない。そのため、他省庁の人員は外務省に出向し、外交官として海外で情報収集活動を行い、外交公電を使用して外務本省に情報を送るという仕組みが確立された。基本的に外務省の情報収集は各地域局で行われ、それらはそれぞれの局で使われており、国の外交政策のため、という意識に乏しかった。また外務省は政策官庁との意識から、情報業務に対する理解が深まらず、外務省国際情報局長を務めた孫崎享（まごさきうける）は、「外務省の歴史において、情報収集・分析は意外に冷遇されてきている」と記している。[46]

さらに、外務省の各地域局は自己完結の体制を確立していたため、外務省には国家としてのインテリジェンスを収集するといった意識や、他省庁と情報を共有するという意識が向けられず、情報分野のキャリアパスもきちんと整備されてこなかった。冷戦期の公安系組織は国内外の共産主義、過激派への対処に、また防衛庁・自衛隊はソ連の軍事的脅威と米軍からの圧力といった現実的な問題に対処せざるを得なかったが、それに比べると外務省には基本的にそのような差し迫った安全保障上の要請はなく、孫崎は「「日本の外交政策は米国の政策に合わせていればいい」という認識があれば、独自の情報収集はさして重要でない」と言い切っている。[47] 初代の外務省情報調査局長（現国際情報統括官）を務めた岡崎久彦は、フランス勤務時代、現地日本大使館で情報収集に従事していたのは入省したての新人1名だけであったため、志願して情報収集・分析を行っていたと回想している。[48]

戦後の外務省の情報部門の組織編成の経過も、やや迷走したような印象を受ける。1947年に再設置された調査局は、51年のサンフランシスコ平和条約調印とともに早くも廃止され、その機能は情報文化局に受け継がれる。情報文化局は84年まで存在するものの、並行して60年には大臣官房に調査課が設置され、3年後には国際資料部、さらに70年には調査部、79年には調査企画部となっている。外務省において情報部門は長らく「局」の扱いを受けず、それより格下の扱いとなっており、外務省が情報部門をどう見ていたかがよく理解できる。さらに北米局などの地域課が独自に情報収集を行っていたため、省内でも情報が一元化されない時代が長く続いた。

その後、1971年の第一次ニクソン・ショックを皮切りに、79年に起きたイランでの米国大使館人質事件やソ連のアフガニスタン侵攻（公調はこれを察知していたとされる）に関する適切な情報を収集できなかったことは、内閣のみならず、外務省内でも問題視されていた。

そこで1983年の第二次臨時行政調査会の最終答申において、外務省の情報収集・分析・管理機能の充実・強化等が要請され、翌年に調査企画部は情報調査局に格上げされた。初代局長は省内きっての情報通とされた岡崎久彦であり、外務省の情報機能強化を政治的に後押ししたのが、元警視総監で当時自民党外交委員長を務めた秦野章（はたのあきら）だった[49]。

岡崎は1978年から80年にかけて、当時の丸山昂・防衛事務次官（元警察官僚）の意向で、防衛庁の情報を統括する防衛参事官として出向していた。元々、警察ポストであったところに岡崎が送り込まれたのは異例のことだったが、外務省の外でも岡崎の見識は一目置かれていたようである。

5 迷走する秘密保護法制

スパイ防止法

戦前の国防保安法や軍機保護法といった秘密保護法制、さらには刑法第二編第三章の「外患に関する罪」もすべて廃止された状態で、1952年4月に日本は主権を回復した。軍機保護法は、「軍事上の秘密を探知し又は収集したる者、之を公にし又は外国若は外国の為に行動する者に漏洩したるとき死刑または無期もしくは3年以上の懲役」と厳罰が処されるものであったが、実際に本法が適用されたのは41年のゾルゲ事件ぐらいであり、それほど頻繁に適用されていたわけではない。

むしろ問題は戦前の日本が「実質秘（自然秘）」の原則を取っていたことで、こちらのほうが運用上問題が多かったといえる。例えば軍機保護法には秘匿すべきものとして「軍事上秘密の事項または図書物件」とあるが、実質秘の考え方だと「秘」の印がなくともあらゆる事項に軍事機密の可能性があると拡大しえた。だから戦前は、書店で売られている軍港や飛行場を含む地図を一般人が購入し、それを外国人に渡しただけで機密漏洩罪に問われかねなかった。軍人以外の一般市民には、何が軍事機密にあたるのか判断するのはかなり難解である。そこで戦後は諸外国に準じて、「秘」の印があり、管理されたものが機密にあたるという「指定秘（形式秘）」制度が導入された。

1952年5月に警察予備隊と米軍による日米情報連絡委員会の予備会議が開催され、日米間で情報を共有することになる。[50] 政府内で軍事情報を扱うため、各省庁の間で秘密保全に基準を設ける必要性が生じたからである。1953年4月30日の次官会議申合せ（「秘密文書等の取扱い規程の制定について」）によって、機密を「秘密保全が最高度に必要であって、その漏洩が国の安全、利益に重大な損害を与える虞（おそれ）のあるもの等」と定義し、それに「極秘」「秘」「部外秘」が続く。そして秘密保全の運用は各省庁の規程に委ねられ、省庁間で秘密情報を共有する場合は、情報提供側の意向に従うものと決められている。[51] ただしこれは秘密をどのように取り扱うかという運用上の規程であり、罰則は盛り込まれず、秘密保護法制についても検討されていない。そのため、機密を漏洩した人間への罰則は、従来の国家公務員法の守秘義務違反に頼らざるをえなかったのである。

他方、日本国内の外国政府勢力を取り締まるための法律、いわゆる「スパイ防止法」は全く整備されておらず、1954年のラストボロフ事件（第2章）でも問題が露呈していた。そこで法務省刑事局の刑法改正準備会でスパイ罪の復活が検討され、61年12月の「改正刑法準備草案」ではスパイ罪が盛り込まれて発表されている。「防衛上又は外交上の重大な機密を不法に探知し、又は収集した者は、2年以上の有期懲役に処する」という法律であった。

これに対して当時の法学者、弁護士、マスコミらはおおむね賛意を示し、毎日新聞の社説も「スパイ行為の処罰規定は、言論の自由を尊重する諸外国の刑法にもあるのだから、日本の刑法にこれを規定したからといって、不当とはいえまい」と前向きであった（『毎日新聞』1961年12月23日）。その後、法務省諮問機関の法制審議会においてスパイ罪を含む改正刑法草案が11年にもわたって審議されたが、結局はスパイ罪の審議は見送られている。その理由は、戦前のように時の政権によって恣意的に利用される恐れと、機密の内容をあらかじめ規定しておくことが困難であり、もし機密の内容について審議される場合には公開裁判によらねばならず（日本国憲法第82条）、そこで機密を晒すことになりかねない、というものであった。そのため当時は刑法にスパイ罪を盛り込むことは見送られ、その後、1980年代に特別法として、自民党がスパイ防止法を起案するまで待たねばならなかったのである。

しかし防諜活動の現場においてはやはりスパイ防止法の類がないと、元来スパイ活動を想定していないような出入国管理令、外国人登録法、関税法や外国為替及び外国貿易法（外為法）といった法律に捜査の根拠を頼らざるを得ず、その刑罰も軽微なために抑止効果もあまり期待できなかった。そのため日本と同盟を結ぶにあたって米国が懸念したのは、日本に提供される米国の軍事機密が第三国に漏洩するリスクであった。1954年3月8日に締結された日米相互防衛援助協定に伴い、日本政府は6月9日に日米相互防衛援助協定等に伴う秘密保護法（ＭＤＡ秘密保護法）を国内法として公布していたものの、この法律は米軍から提供された装備品や情報を秘匿するためのものであり、その適用範囲はきわめて限定されていた（同法の初めての適用は２００７年）。

１９５９年当時、航空自衛隊幕僚監部調査課長だった原四郎が、ボーイング社の地対空ミサイル「ボマーク」のデータを伊藤忠商事の瀬島龍三に提供し、そこからボーイング社のライバル企業であったダグラス社にデータが流出する事件が生じている。原と瀬島は陸軍士官学校の同期であり、そのよしみでデータを渡したようであるが、本事件は米軍が深刻視し、防衛庁に厳重抗議をしている。事件によって原は防衛庁戦史室に異動させられているものの、法的な処分は課されていない。

岸信介と石田博英

１９５７年2月に岸信介（のぶすけ）政権が誕生すると、6月には米国政府と日米安保条約改定について話し合うため岸が訪米（図３－４）。そして6月20日、国務省で岸や内閣官房長官の石田博英（ひろひで）らとジョン・フォスター・ダレス国務長官らが会談を行っているが、そこでアーサー・ラドフォード米統合参謀本部議長から、日本には秘密保護法がないので、米軍の新兵器に関

図3－4　岸信介（1896－1987）　ダレス米国務長官と（1957年6月21日）　AP／アフロ提供

わる情報はこれ以上提供できない、との発言があり、対して岸はいずれ秘密保護法の立法措置を講じたい、と回答している。[52] ちなみに元ソ連国家保安委員会（KGB）のワシリー・ミトロヒンの文書の中で、石田は1970年代に「HOOVER」というコードネームでソ連のために働いた日本で最も高官位の人物とされる。[53] かたや岸は当時CIAから資金援助を受けていたとされるため、[54] 両者がダレス国務長官との会談の場にいた事実は興味深い。

この時期、船田中・元防衛庁長官を中心とする自民党国防部会内で、より網羅的な「新」秘密保護法の制定が模索されていた。これは米国から提供された装備品以外の軍事機密、例えば誘導弾や核兵器に関わる情報、さらには日本国内の反政府活動についても適用を可能とするものであった。おそらくラドフォード発言はこの法制化を促す意味があったと考えられる。新法の制定について岸は積極的で、国会で「少くとも将来進歩するところの科学上の研究を進めるためには、今の秘密保護法では不十分だということはいえると思います」（第26回国会　衆議院　内閣委員会　第44号　昭和32年9月2日）と発言するなど意欲を見せるも、後に日米安保改定が最優先事項となったため、1960年に入ると岸は「これ〔秘密保護法〕は慎重に検討すべき問題であると思います。現在のところにおいて、すぐこれを提案するというような考えは持っておりません」（第34回国会　衆議院本会議　第6号　昭和35年2月9日）とトーンダウンさせている。

結局、岸政権では秘密保護法制は見送られた形となった。各省庁の秘密の取り扱いについては、1965年4月15日の事務次官等会議申合せで、53年の次官会議申合せを廃止し、新たなものが取り決められている。そこでは、秘密保全の必要度がきわめて高いものを「機密」とし、「極秘」を「秘密保全の必要が高く、その漏洩が国の安全、利益に損害を与えるおそれのあるもの」、「秘」を「極秘につぐ程度の秘密であって、関係者以外には知らせてならないもの」と定めた。

核は持ち込まれていたのか？

秘密保護法制不在のまま、指定秘を基本とした秘密管理の運用は、その後の西山事件や外務省密約問題で限界が見えてくる。西山事件とは1972年4月、沖縄返還協定に関わる日米間の密約が、外務省職員を通じて毎日新聞の西山太吉（たきち）記者にリークされた事件である。

本事件は西山記者による情報の入手方法に関心が集まりがちだが、むしろ外務省の部内資料が簡単に外部に持ち出されたことと、その文書が国の秘密にあたるかどうかが問題の核心であった。一部書類には「秘」の印が押されていなかったようなので、指定秘の立場を取るなら秘密ではない、とも考えられるが、1978年の最高裁決定は「秘密とは、非公知の事実であって、実質的にもそれを秘密として保護するに値すると認められるもの」をいうと結論づけ、ここにまたもや戦前の実質秘の考えが復活するに至ったのである。これでは政府や行政機関は「秘」の印が押されていなくてもそれを秘密として管理しなければならず、線引きの見極めが困難になってくる。

さらに秘密保護法の不在は、沖縄返還協定に関わる別の密約問題にも影響を与えていた。それは沖縄返還後に有事が生じた場合、米軍が沖縄に再び核を持ち込むことを、日本政府が承認するという密約であった。1960年の日米安保改定時でも、米軍の核兵器搭載艦が日本に一時寄港することを日本側が黙認するという「暗黙の合意」がなされている。これら密約は日本政府の非核三原則の「核を持ち込ませず」に抵触するため、合意文書等を残さず、密約としたようである。２０１０年の有識者委員会の調査でも証拠となる日本側文書は見つかっていない（ただし日本政府は２０１４年に密約があったことを認めている）。

当時、佐藤栄作総理は国会で「日本に守られなきゃならない機密、これがある、しかも国益に関する事柄だと、そういうものがどうも公になりがちだと、何かそこらに一つの網をつくっておかなきゃならないんじゃないかと、かように考える、これは私のもともとの持論でございます」（第68回国会　参議院　予算委員会　第8号　昭和47年4月8日）と秘密保護法制の必要性を訴えている。その後、１９８０年4月に自民党の主導でスパイ防止法案の第一次案が発表されるなど、政治的な弾みがつくことになる。推進力のもととなったのが、１９７0年代から80年代にかけて、日本国内で頻発したソ連絡みのスパイ事案であった。

6　ソ連スパイ事件

ＫＧＢの手に落ちた元陸自陸将補

１９５４年のラストボロフ事件以降も、日本国内ではスパイ事案が度々生じていた。当時、日本は秘密保護法やスパイ防止法の未整備から「スパイ天国」と揶揄されており、後述するソ連国家保安委員会（KGB）のレフチェンコによると、「KGBは、ソ連のスパイが逮捕されたり国外に追放されたりすることをまったく心配することもなく、日本で重要な情報を集めることができる」と指導していたという。[55] ソ連絡みの事件に限っても、1969年のセドフ事件、71年のコノノフ事件、74年のクブリッキー事件、76年のマチェーヒン事件、同年のゴットリーブ事件等が警察に検挙されている。

冷戦期のKGBやGRU（ソ連国防省参謀本部情報部）は100名以上の情報工作要員を日本に常駐させていたため、事件は氷山の一角であろう。例えば先述したラストボロフの後任として、1954年に来日したKGBのイリーナ・アリモワとシャミル・ハムジンは、日本国内で夫婦を装いながら、米軍や自衛隊に関する膨大な情報をモスクワに送信していた。その中には海上自衛隊の「はやしお」潜水艦の開発情報も含まれていた。当時、日本には10〜20組の夫婦を装ったKGB工作員が活動していたそうである。[56] その後アリモワは1967年、ハムジンは80年まで日本で活動し、後任への引き継ぎを終えた上でソ連に帰国している。90年にミハイル・ゴルバチョフ・ソ連大統領が公にその活動を称（たた）えたことにより、ようやくその存在が知られることになった。

またKGBが日本人の戸籍を乗っ取る、いわゆる「背乗り（はいのり）」も確認されている。これは福島県の歯科技工士、黒羽一郎が1965年6月に行方不明となり、その後、66年にKGBの工作員が黒羽一郎を名乗って東京で情報活動を行っていた事案である。この活動は1995年にCIAから警察庁への情報提供によってようやく発覚したが、黒羽自身はすでに日本国外へ逃れていたことで、未解決事件となっている。本件は、本物の黒羽の行方や黒羽を演じていた男の正体等、不明な点が多く残されているが、警視庁公安部は朝鮮系ロシア人が黒羽を演じていたと見ている。[57]

他方、2020年1月にKGBの後継組織の一つであるロシア対外情報庁（SVR）が、過去に活躍し、引退、もしくは死亡した7名の工作員の名前を公表している。その中に朝鮮系ロシア人のエフゲニー・キムの名前が挙がっており、研究者の間ではキムこそが黒羽の正体ではないかとの指摘もある。[58] いずれにしても冷戦期の日本がソ連にとってのスパイ天国であったことは疑いようのない事実であった。そして1980年に生じたコズロフ・宮永事件は、陸上自衛隊の元陸将補が関与したことで、世間の耳目を集めることになった。

先述したように宮永幸久はソ連情報の専門家であり、陸幕第二部や中央資料隊勤務を経て、陸上自衛隊調査学校の副校長まで務めた、自衛隊には珍しい情報畑の人物である。宮永は仕事柄、ソ連側の情報将校と接触して情報を交換することもあり、部内秘ではない情報をお互いにやり取りすることは通常の情報収集活動の範疇である。

しかし1974年12月に宮永は定年後の再就職斡旋のためソ連大使館付武官、P・I・リバルキン大佐に接触してしまい、金銭と引き換えに部内情報の提供を求められた。ミイラ取りがミイラになったわけだが、長年ソ連情報の専門家であった宮永がこうも簡単に相手方に付くというのは解せない。おそらくはソ連側もその筋のプロであり、相手を籠絡させるノウハウを蓄積していたのだろう。一般論として、ソ連の情報機関は相手の組織内でポストや仕事に不満を持つ人物、もしくは金銭に執着を持つ人物を見つけるのがとても上手く、手段を惜しまない。

部内の評判からすれば宮永は金や出世に無頓着であったようだが、ただし北部方面総監部二部長時代に一度愛人を作って離婚を経験している。宮永を知る平城弘通は「女性にだらしなかった」と書いているが[59]、晩年、平城は宮永と反りが合わなかったようで、その評価はやや辛辣だ。実際、ソ連側のハニートラップに引っかかったわけでもなさそうだ。上官として宮永と長い付き合いのある広瀬栄一は、「虎児を得るために、危ないところへ少しずつ入っていったのではあるまいか。たった一人で情報戦争を挑んでいたのではあるまいか。しかし個人と組織とでは勝負にならない。いつのまにか、日本のためにしようとしていたことがソ連を利していたのではないか」という感想を残している[60]。生真面目で学究肌と形容される宮永が、ソ連側とのやり取りに没頭した結果、一線を越えてしまったのではないかという推察は腑に落ちる。

ただ、インテリジェンスの世界において、相手から金銭を受け取るというのは、ハニートラップに引っかかるのとほぼ同義だ。大きな弱みを握られるという点では大差ないからである。相手に脅迫の恰好の材料として使われ、協力者は妥協を余儀なくされる。協力者を獲得するＭＩＣＥ（ネズミ）の原則というものがあり、金（Money）、思想信条（Ideology）、強要と妥協（Coercion/ Compromise）、エゴ（Ego）のそれぞれの頭文字を並べたもので、対象者に最も響く所を突く。スパイの世界では古典的だが、現代にも通じるものである。

宮永もリバルキンから金銭を受け取ってしまった以上、ソ連への情報提供者として働かざるを得なくなり、その後、ソ連側から暗号表や無線通信機を提供され、リバルキンの後任であるマリヤソフやＧＲＵのコズロフ大佐のためにスパイ活動を行うようになった。宮永はかつての部下のつてで、陸幕の部内資料を入手し、ソ連側に提供していたようである。情報と引き換えに宮永は３１０万円を受け取り、内１３５万円を元部下に渡していた[61]。

しかし警視庁公安部外事課はソ連大使館への定点観察から、宮永が大使館との接点を持っている事実を摑み、マークするようになる。さらに陸自の中央調査隊も、調査学校時代から宮永の挙動に不審な点があったことから、その行動を追っていた。そして１９８０年１月17日、宮永は東京神田の紅梅坂でコズロフと接触したところを警察に確認され、翌日、宮永とその元部下2名が逮捕される。同時に外務省を通じてコズロフは任意出頭が要請されたものの、急遽ソ連に帰国することで難を逃れている。

しかしこの出頭要求はソ連GRUをいたく刺激したらしく、同年3月18日、グルジアのトビリシを訪問した駐ソ連日本大使館防衛駐在官の平野浤治らはGRUの工作によって毒の入ったウォッカを飲まされたという(幸いなことに平野は一命を取り留めることができた)。当時ソ連ではこのような案件は珍しくなく、駐モスクワ日本大使館の盗聴器捜索に赴いた幹部自衛官2名もやはり飲み物に毒物を仕込まれている。[62]

宮永の裁判が始まって問題となったのは、漏れた部内資料をどのように証拠として提示するかであった。日本の裁判は公開原則のため、機密資料が裁判の場で証拠として取り上げられることは国益を棄損する可能性がある。後に明らかになったことであるが、この時、日米情報連絡会議で米側から提供された中国関連の情報が漏洩しており、これが公になると自衛隊と米軍の関係に悪影響を及ぼすことが懸念された。そのためコズロフ・宮永事件に関する米軍資料は伏せられ、裁判では陸自部内資料である「軍事情報月報」が漏洩したとして、米軍の資料については現物を提示せず、概要を説明するという外形立証というやり方が採られた。

内閣官房の資料によると、外形立証とは①秘密の指定基準(指定権者、指定される秘密の範囲、指定及び解除の手続き）が定められていること、②当該秘密が国家機関内部の適正な運用基準に則って指定されていること、③当該秘密の種類、性質、秘扱いをする由縁等を立証することにより、当該秘密が実質秘であることを推認する方法をいい、１９６９年の東京高裁の判例上でも認められており、実務上も確立しているとされる。[63]

そして裁判は１９８０年4月14日、自衛隊法第59条（秘密を守る義務）に基づき、宮永に懲役1年、他2名に懲役8ヵ月の判決が下されている。他の欧米諸国であれば、軍事情報を故意に他国に漏洩させた場合、少なくとも懲役10年は下らないが、自衛隊法の守秘義務規定は国家公務員法の規定に準じており、罰則規定は軽微であった。

この点について元警察官僚の北村滋は、「外国の担当官と検挙したスパイの量刑を話し合った折、向こうでは大体、無期懲役とか懲役数十年とかなんです。片や、我が国の事件について説明すると、お宅の国は何で凶悪なスパイが、全員釈放されているんだと訝られる。情けないけれど法制度がそうなっているから仕方がない」と述懐している。[64]

なお事件の影響で同年4月には自民党でスパイ防止法案の第一次案が作られ、「不当な方法で防衛秘密を探知・収集した者、及び、防衛秘密を取扱う業者が秘密を他人に漏らしたときは10年以下の懲役」という罰則規定が盛り込まれている。ただしこれは自衛隊員と契約業者のみが対象となっていた。

親日的なスパイ

そしてちょうど同じ頃、東京で活動していたのがソ連国家保安委員会（ＫＧＢ）のスタニスラフ・レフチェンコであった（図３－５）。若い頃外交官を志望したレフチェンコはモスクワ大学で日本語と日本文学を学んでおり、語学力をもとにＫＧＢに採用された経歴を持つ。レフチェンコによると当時、ＫＧＢは日本のすべての大新聞に秘密のエージェントを抱えており、さらに自民党の元閣僚一人、社会党の上層部の政治家たち、学界、財界、ジャーナリズムの世界の人々がＫＧＢの協力者となっていた[65]。この自民党の元閣僚とは先述した石田博英のことである。ＫＧＢから、情報提供者一人あたりに４万円から２００万円ほどを払っていたという。

ＫＧＢは日本で情報を収集することに加え、日米間の離間や日ソ間の関係修復、日本の世論の関心が北方領土問題に向かないようにするなど、日本の政治や財界、世論に働きかけ、日本がソ連に有利な政策を取るように持っていく「積極工作」を行っていた。当時の日本にはソ連大使館に加え、『プラウダ』紙、『ノーボエ・ブレーミヤ』誌の海外特派員に同工作を担当する５人の要員がおり、日米関係や日中関係の離間を図っていたらしい。例えばレフチェンコはサンケイ新聞の山根卓二記者（コードネーム「カント」）を通じて、１９７６年１月

23日の同紙に捏造した「周恩来の遺書」を掲載させ、中ソ和解の可能性を仄めかした。当時、中ソ関係は国境紛争によって悪化、日中関係は日中共同声明によって好転しつつあったため、KGBは偽情報の流布によって、日中関係に楔を打ち込もうとしたのである。[66] この事件は当時、KGBが日本の世論をコントロールする術を持っていたことを物語っている。

レフチェンコはこの工作の中核であり、東京では何度も公安警察に監視され、危ない橋も渡ったようであるが、最終的にはすべて切り抜けている。ただレフチェンコが日本で活動していたのは、祖国ソ連のためというよりは、自身の親日的な要素が大きく、また日本に滞在すればするほど、ソ連の監視社会の状況に嫌気がさしていたらしい。

図3－5　**スタニスラフ・レフチェンコ**（1941－）　Bettmann Archive

その結果、1979年10月24日にレフチェンコは単独で米国に亡命することとなった。12月10日には亡命先のワシントンで記者会見を行い、自らKGBの人間として東京で活動していたことを公表し、世界に衝撃を与えたのである。これを受けて1981年8月にソ連は欠席裁判によって、レフチェンコに死刑判決を下した。その後1984年10月にレフチェンコは回顧録を発表しているが、その中で日本がいかにソ連の情報活動のターゲットにされているのかを赤裸々に綴っていた。さらに「日本に「スパイ防止法」がないのはばかげている」と強調し、[67]一刻も早い秘密保全のための法整備を提言したのである。

レフチェンコの証言は日本でも大きく取り上げられ、当時の中曽根政権はスパイ防止法案の整備に意欲を見せるようになる。自民党は1984年8月にスパイ防止法の第三次案を発表し、翌年に議員立法として「国家秘密に係るスパイ行為等の防止に関する法律案」（通称「スパイ防止法案」）が国会に提出された。それまでのスパイ防止法案との相違点は、防衛秘密に加え国家秘密が加えられたこと、そして量刑が最高で死刑又は無期懲役という厳格なものになったこと、さらに国家公務員だけではなく、一般国民も対象としたことから、本法案は国会議員だけではなく、マスコミや有識者も巻き込んだ一大議論に発展することになる。

当時、中曽根首相は「何しろ日本はスパイ天国と言われるような国でありまして、防衛庁の職員までがかかわるようなそういう事件もあります。そういうようなところから自民党の皆さんが非常に心配をされまして、そして案を練って提出してきたわけでございます。私もその後いろいろ事情も聞き、法案の内容等もいろいろ聞いてみまして、その必要性というものを私は痛感するに至りました」（第１０２回国会　参議院　決算委員会　第10号　昭和60年6月15日）と立法化に積極的だった。

しかし本法案は国家機密の定義の曖昧さや、量刑が重すぎるということもあったため、マスコミや日弁連等から同法案が報道規制に繋がるとして猛烈な反発が沸き起こり、足元の自民党内からも反対意見が提起される始末であった。野党は国会での審議拒否を貫き、同法案は12月21日の国会閉会と同時に審議未了のため廃案となっている。

その後、１９８６年にも自民党は、機密をより具体的に定義し、罰則規定を軽微にした改訂版（第四次案）を発表しているが、最終的に国会に提出されることはなかった。本法案の問題は、国家機密をどのように定義し、指定するのか、といった点が最後まで突き詰められなかったことである。特に先に述べた西山事件において実質秘の考えが蒸し返されたため、国民に対して何が機密にあたるのか、といった点について上手く説明ができていなかった。

本件について米国マサチューセッツ工科大学（ＭＩＴ）教授のリチャード・サミュエルズは、「日本の人々が無制限の国家権力の行きすぎを恐れ、それを甘受しないことは明白であった」として、インテリジェンス・コミュニティに対する国民による監視の勝利として評価している[68]。ただし法案化の失敗は、政治家に秘密保護法制やスパイ防止法の類は、世論の反発を招くだけだという苦い教訓を植え付けることになり、事後、秘密保護法制が政治の俎上に載せられるのは、２０１０年以降となった。

7　ベレンコ亡命事件

1976年9月6日13時50分頃、ソ連防空軍のヴィクトル・ベレンコ中尉が操縦するミグ25戦闘機が函館空港に強行着陸するという事件が生じた。ミグは日本の防空レーダーが一旦は捉え、航空自衛隊のF－4ファントムがスクランブル発進したものの、これを見失っていた。この事件で、地上防空レーダーでは低空を飛ぶ航空機を探知することができず、また航空自衛隊のファントムは機体の下を飛ぶ航空機を見下ろすルックダウン能力がないことが表出する。この時、陸幕の別室も極東ソ連軍の通信量増大を感知しており、何らかの事態が生じていることは把握していたが、詳細はまだ不明だった。後に、ベレンコは最初から米国に亡命する目的で航空自衛隊千歳基地を目指し、燃料不足のために急遽函館空港に目的地を変更したことが判明する。

ベレンコが亡命した理由はイデオロギー的なものではなく、彼の不倫で妻との関係が悪化し、妻の父である党幹部に睨（にら）まれていたからだという。[69] 1976年9月10日には夫婦の不仲を旨とするベレンコの妻の手紙を日本の各紙が報じ、ベレンコ中尉が個人的な理由で西側への亡命を果たしたとされたが、こちらはむしろソ連による偽情報と見なされ、当時はベレンコが自由を求めて亡命したものと解釈されていた[70]。
千歳であれば、航空自衛隊がすぐにミグとベレンコを確保できたので、その後の展開は穏やかなものだっただろう。しかし民間航空機が主に使用する函館空港に強行着陸した上、ベレンコが拳銃による威嚇射撃を行ったため、まず初期対応は北海道警察の手に委ねられることになる。確かに所掌事務からすれば航空自衛隊の任務は領空侵犯に対する警告行為までで、すでに日本国内に着陸したミグについては警察の管轄になる。だが初動は錯綜し、警察は民間空港での発砲事件は警察の管轄だと主張し、法務省は不法入国ということで自分たちの管轄だと主張し、外務省や税関を抱える大蔵省、運輸省や通産省までが事件への関与を主張し出したのである。

これに対する道警の対応は迅速で、即座に方面本部機動隊を派遣し、函館空港を閉鎖。この時、最寄りの陸上自衛隊函館駐屯地は第二科（情報）の辰巳和昌ら他2名を私服姿で空港に送り、さらに札幌の陸上自衛隊北部方面総監は、第二部に所属しロシア語に精通している佐藤守男を現地に送って、ベレンコへの聞き取りとミグに関する情報収集を行うことを命じている。

ところが空港に向かう道路がすでに警察によって封鎖されており、陸自の車両ですら近づけず[71]、「警察の警備が厳しくて、中に入れてもらえない」と報告される有様であった。本事件は明らかに軍事・外交案件であり、一刻も早くベレンコとミグの調査を行う必要があったが、警察は出入国管理令違反でベレンコの聞き取りを行って刑事事件として処理していたため、陸自の介入を許可しなかったのである。航空自衛隊のほうは幕僚長の角田義隆自らが調査の決断を下し、航空幕僚監部防衛部副部長の松井泰夫を長とする11名もの調査団を結成して、翌日早朝に現地に派遣している。

一方、東京の官邸では警察庁、法務省、運輸省、外務省、防衛庁の間で事件の主導権に関する綱引きが行われていたが、やはり刑事事件として処理したい三木武夫総理の判断で防衛庁・自衛隊は頭を押さえつけられた格好となった。当時は自民党内では倒閣運動、いわゆる「三木おろし」の政争の最中で、三木はベレンコどころではなかったようである。

その結果、7日午前零時にミグ25の機体管理権は警察から検察に移され、函館地検が機体の検証を行うという有様であった。さらに大蔵省の税関は、ミグを密輸品として扱うことも検討しており、現場は相当混乱していたようである。空自の調査団も当初函館空港への立ち入りを許可されなかったが、空自側は抗議を行い、半日後になってようやく函館地検の指揮権下という条件で調査が認められた。

その後、9日にベレンコは民間機で米国へ亡命を果たし、ミグのほうは分解され、茨城県の航空自衛隊百里（ひゃくり）基地に輸送されて徹底的に調べられた。本件は基本的には領空侵犯事件であり、ベレンコは戦闘員である以上、本来は捕虜に近い形で自衛隊が尋問を行うのが筋である。実際、亡命先の米国でベレンコを尋問したのはＣＩＡと国防情報局（ＤＩＡ）だった。

このように、ベレンコ事件は警察が国内事件として処理していた。日本における対外情報機関の空白と、軍事情報の領域を警察がカバーするという特殊性を際立たせるものとなった。

8　秘密組織「調別」と大韓航空機撃墜事件

米軍・NSAとの共同作戦

先述のように、１９５８年の設置以来、陸上自衛隊幕僚監部第二部別室（別室、または二別）は長らく日本のインテリジェンス・コミュニティの中で組織として秘匿されてきたが、１９７５年６月に国会で日本共産党の中路雅弘に批判されることになる。きっかけは同年１月の『軍事研究』で発表された論稿であった。そこで元自衛官の市川宗明が「日本の情報機関の実態」と題して、別室を論評。さらに６月には『週刊ポスト』がこれを後追いして報じたことで、それまで秘匿されてきた組織が世間の耳目を集めることになった。市川の論調は以下のようなものであった。

その存在をよく知らない秘密のベールに包まれて、覗くことも許されぬものに二部別室がある。名前は一応、二部の別室になっているが、〃陸幕〃の二部長の管轄外で、陸・海・空から通信技能や暗号解読の専門家など約七十名が派遣されて勤務についているが、主要幹部の多くは、防衛庁の〃内局〃や警察庁、外務省その他の官庁から出向してポストについているようで、別室長は歴代、警備畑の警視正クラスが警察庁からやってきて、一定期間就任し、ふたたび後輩と交代して警察へ帰ってゆくという、まことに不思議な機関である。〔中略〕その成果は〃内調〃へゆくのか、それとも外務省か、さっぱり、わけのわからないのが、すなわち、この二部別室である。[72]

（市川「日本の情報機関の実態」）

これを読むと、陸上自衛隊内の組織にもかかわらず、警察官僚に率いられた奇妙な組織が、密かに存在しているかのような印象を受ける。問題は、別室という予算9億円で1000名を超える軍事組織が、防衛庁長官による文民統制を受けていないのではないかという点であった。さらには、遡ること1967年に米国の暗号研究家ディヴィッド・カーンが『暗号戦争』を発表し、そこで初めて米国の通信傍受機関である国家安全保障局（NSA）の存在が暴露されているが、別室もNSAとの関係を疑われることになった。

国会での野党からの追及に対して、政府は別室の存在とその歴史的経緯は認めたものの、NSAとの関係や文民統制の原則逸脱、室長に警察官僚が任じられている理由等については言明を避けている。その後、1977年の部課直列制度への改編に伴い、別室は陸上幕僚監部調査部調査第二課別室（調別）となったことで、一旦は鳴りを潜めたように見えたが、1983年に再び注目を集めることになった。

すでに調別は1969年3月の中ソ国境紛争において中国軍の連隊が大敗した様子や、79年12月のソ連軍によるアフガニスタン侵攻の兆候を通信傍受によって捉えることに成功していた。[73] これらの情報はハワイで定期的に開催される日米情報連絡会議で米側にも伝わっており、米軍は調別の電波情報収集に一目置くようになっていた。そこで米側は新たな共同作戦を日本側に提案してくる。

1982年、NSAと米軍は30名程度の傍受員を北海道の稚内通信所に配置し、ソ連防空軍の交信を傍受する「CLEF」作戦が始まる。先述のように、1975年に稚内通信所は米国から日本側に返還されており、航空自衛隊が運用していた。稚内は極東ソ連軍の通信電波を収集するのに理想的な立地だったため、改めて通信傍受を行うことになったのである。

さらに同作戦はそれまで全く別々に業務を行ってきた自衛隊と米軍の共同作業とされた。ただし米側が傍受した電波情報はそのまま青森県米軍三沢基地の第6920電子保安群に上げられ、自衛隊が傍受した分も基本的には米軍に引き渡されることになっていた。[74] これは現場レベルの内容の協力であり、具体的な作戦内容が幕僚長や防衛庁長官に伝えられることはなかった。

米英がUKUSA協定のもと、英国のメンウィズヒル傍受基地を共同で運用し、情報を共有していたのとは対照的であり、こちらは日本側が運営する施設に米国のスタッフが乗り込んでいって、情報の果実だけをもぎ取っていくようなやり方であった。

中曽根と後藤田の決断

そして1983年9月1日午前3時25分（日本時間）、ニューヨーク発アンカレッジ経由ソウル行きの大韓航空機「KAL007」便がソ連防空軍の迎撃機スホーイ15のミサイル攻撃によって撃墜されるという前代未聞の事件が発生した。この事件によって乗員乗客269名全員の命が失われることになった。

当時稚内で米側は5名の当直員が傍受作業をしており、その内の一人がたまたまスホーイのパイロットが「目標を撃破」と交信しているのを直接確認している。一方、日本側で稚内分遣隊の通信傍受任務を指揮していたのが調別の東千歳通信所に所属する陸上自衛官、ベレンコ事件でも触れた佐藤守男であった。

同日午前1時過ぎ、たまたま当直勤務だった佐藤は、ペトロパブロフスク周辺空域の「識別不明機」に対するスクランブル状況の報告を受け、傍受班に対して緊急強化配備を要求した。稚内分遣班は迎撃機のパイロットと地上基地の交信を傍受し続け、午前3時25分45秒にミサイル発射、その35秒後に目標が撃破されたというやり取りを鮮明に録音することに成功する。ただしこの段階では日米ともにスホーイが何を撃墜したのかは把握していなかった。

そこで稚内通信所の米側傍受員は、極東で最大級の通信傍受施設である青森県三沢基地に電話で指示を仰いだ。三沢の判断は、まず米側で録音したテープを即座に航空機で回収するというものであった。事件から数時間の内にテープの現物は三沢に届けられているが、米側のテープはノイズが多くてよく聞き取れなかったようである。その間にも三沢では集められるすべての情報が集められ、9月1日の午後にはスホーイがミサイルで何かを撃墜した事実と、いつまで経ってもソウルに到着しない大韓航空機が結びつけられつつあった。

米側では当時からすでにNSA、CIA、国防情報局（DIA）、国務省情報調査局（INR）の情報端末が結ばれており、直ちにすべての情報が集約され、分析にかけられた。その中でもウィリアム・ケーシーCIA長官が本件の権限を握り、すべての情報はCIAに集約されることになる。撃墜から約12時間後にCIAが出した結論は、大韓航空機はソ連防空軍に撃墜されたというものであった。さらにその6時間後、米空軍情報部も徹夜の作業によってやはり同じ結論に達している。[76]

これを受けて9月1日午前10時45分（ワシントン時間）、ジョージ・シュルツ国務長官が独断でソ連の行為を批判するテレビ会見を行う。問題は米国がどのようにして撃墜の事実を摑んだのかということであったが、シュルツはほとんどこの点について考慮せず、ただソ連による非人道行為を批判するという政治的目的のみを達成しようとした。そのためには情報源を明かすことも厭わなかった。このようなシュルツの態度は日米のインテリジェンス・コミュニティを狼狽させたのみならず、国務省は駐日米大使館を通じて日本政府に会見を行う旨を伝えているが、それは会見のわずか1時間前のことであり、日本側の米国への不信感が募る結果となった。

日本側ではすでに収集した電波情報を極秘裏に扱っており、航空行政を担当する運輸省にも情報は伝えられなかった。官房長官の後藤田正晴は撃墜から5時間後の午前8時半に韓国の民間航空機が行方不明との報告を受け、10時頃に撃墜の可能性が高いことを知らされている。[77] 後藤田は「パワーポリティクスになると、日本の出番ではない」として沈黙を守り、[78] 13時頃に夏目晴雄防衛事務次官とともに中曽根康弘総理のところへ報告に上がるのみであった。ただ問題は、先述したように午後11時近くに米側からシュルツ国務長官がテレビ会見を行う旨が伝えられたことであった。中曽根、後藤田の両者はシュルツの明け透けな会見に失望したものの、日米が対ソ通信傍受活動を行っていることを暴露されたのであれば、いまや、その情報を秘匿しておく必要性も薄れつつあった。

中曽根の回想は以下のようなものである。

> 大韓航空機事件を知ったのは、その日の午前四時頃でした。午前六時頃に、私は、外務省、防衛庁からも報告を受けた。事情が正確に把握できたのは昼頃でした。夜中になって、やるなら思い切ったことをやらないと駄目だと考え、自衛隊が傍受していたソ連の戦闘機と樺太の基地との交信記録を米側に提供することを、早期に決断しました。交信記録を私の手元に持ってきたのは、内閣調査室でした。[79]
>
> （中曽根『中曽根康弘が語る戦後日本外交』）

中曽根の回想で興味深いのは、総理のところに情報を持って来たのが内調だった、という点だろう。当時の内調室長の鎌倉節（かまくらさだめ）は、まず後藤田官房長官に情報を上げてから、中曽根総理にも伝えたようである。この時代においても、調別の電波情報は陸幕長や防衛庁長官ではなく、内調を通じて官邸に直接上げられていたことがわかる。ただし内調室長が定期的に総理報告に上がるようになったのは中曽根政権になってからのことである。この頃、毎週1回30分を目途に、内調室長が総理ブリーフィングを行うことになっていたが、非常時にものをいうことができたのは平時からの継続性があってこそで、ここで内調は存在感を大いに示すことができたと想像できる。

しかし大韓航空機事件に関する報告は防衛庁や外務省のほうからも行われていたので、非常時とはいえ混線していた印象だ。いずれにしても日本側が録音したテープは中曽根の決断によって米国側に渡された。さらにその後、米国は国連安保理の場でテープを公開することを要請してきたため、日本側はそれに同意せざるを得なかった。この時、後藤田は「米国が先、日本が後なんだ。これでは米国の隷下部隊」として、自衛隊の存在意義に疑問を投げかけたという。[80]

その後、テープは米政府の手によって9月6日の国連安全保障理事会で公開されるに至った。それまで事件への関与を否定していたソ連はこれによって事実を認めざるを得なくなり、国際的な非難を浴びることになった。この点だけ見れば調別の大金星と映るが、事はそれほど単純ではない。調別やNSAが極東ソ連防空軍の通信を密かに傍受していたことが明らかになったため、ソ連側の通信周波数の変更や暗号化を招き、さらに本来、稚内にいるはずのない米側スタッフの存在を浮かび上がらせ、それが調別だけの判断で行われていた、という諸問題が噴出することになる。

これらのリスクは当時から十分に認識されていたが、日米両政府が最も恐れたのは、本件が国会で追及されて稚内での傍受活動が明るみに出ることであったと考えられる。ただこの点についてはなぜかあまり問題視されず、国会ではむしろ国内の電波法第59条（無線内容の漏洩と窃用の禁止）に抵触しているのではないか、という質問が野党から投げかけられた。これに対して郵政省電波監理局、内閣法制局は揃って、本件は電波法第59条に抵触しない旨を答弁している。[81]

9　中央情報機構の再編

「情報が回らない、上がらない、漏れる」

内閣調査室は、戦前に日本陸海軍、外務省、内務省が個別に情報収集活動を行い、縦割りの情報運用を行った反省から、同室で各省庁の情報を集約するという役割を与えられていた。しかしその実情は、権限と予算を与えられないままで、インテリジェンス・コミュニティを束ねるにはほど遠い状況であり、内調室長を務めた大森義夫の言葉を借りれば、錚々たる各省庁の間に埋没する零細企業という有様だった。

この頃の調査室の任務は、国際情勢の分析、国内の世論調査や選挙調査等、基本的には公開情報を分析し、それを各省庁からの出向者が論稿にまとめることであり、調査室のレポートは「高級週刊誌」と揶揄される有様であった。中曽根政権以降は調査室長が総理にブリーフィングを行うという任務が与えられたものの、これは政策に資する情報提供というよりもむしろ時の総理の知的好奇心を満たす意味合いが大きかった。また当時は自然災害についても内調が官邸に報告していたが、これは後に国土庁の管轄に移されることになる。[82]

さらに各省庁が戦前のように縦割りの情報収集体制を整備したことは、同盟国である米国につけ入られることにもなる。日本経済新聞社の春原剛(すのはらつよし)によると、北朝鮮の核開発情報に関する高度の機密情報について、CIAは時に外務省、防衛庁、内調、警察庁とそれぞれ相手に応じて「配布先を使い分け、あるいは配布時間を微妙にずらす」ことで、日本の諜報組織を巧みに誘導し、操っていたという。[83]

そして各省庁は、報告すべき情報がある場合には内調を飛び越え、総理秘書官等を通じて直接官邸に情報を上げることが普通であった。基本的には、どのような情報を官邸に上げるかは各組織の判断に委ねられる。日本のインテリジェンス組織の現場では我々の想像以上に多くの情報を収集しており、その中にはどうやってこれ程の情報を手に入れたのか、というものもある。しかし機微な情報（個人の思想や信条、国家機密など慎重に扱うべき情報）を入手していても、それが時の政権の役に立ちそうにない、情報を上げても日本政府が対策を取れない、政治家から情報が漏れるリスク、そして情報を上げても政府が対応しなかったことが公に露呈するリスク等を考慮して、組織の判断で上げないケースはかなり存在していた。

例えば先述したように1970年代後半から80年代にかけて北朝鮮の工作機関が日本人を日本国内で拉致していた事案に関しては、警察や外務省でそれなりに把握していたようであるが、それらは官邸に上げられていなかった。そして1987年11月29日の大韓航空機爆破事件をきっかけに、翌年3月26日にようやく梶山静六・国家公安委員会委員長が公式に拉致を認めるまで約10年もの歳月が流れ、19名の拉致被害者がその後確認されることになる。[84]拉致問題は警察からすれば部内の捜査に関わる秘密事項であり、外務省からすれば国交がないため扱えない、という理由から報告されなかった模様だが、国家のインテリジェンスとして、官邸に上げておくべき事案であろう。朝日新聞社の船橋洋一は日本のインテリジェンスを評して、「〔情報が〕回らない、上がらない、漏れる」という名言を残している。[85]

根本的な問題として、当時の日本は国家としてインテリジェンスを集約することができず、また官邸からもインテリジェンス・コミュニティに対して情報の要求を出すことができなかったのである。そのためインテリジェンス改革として、まず前者の情報集約が検討されるよ

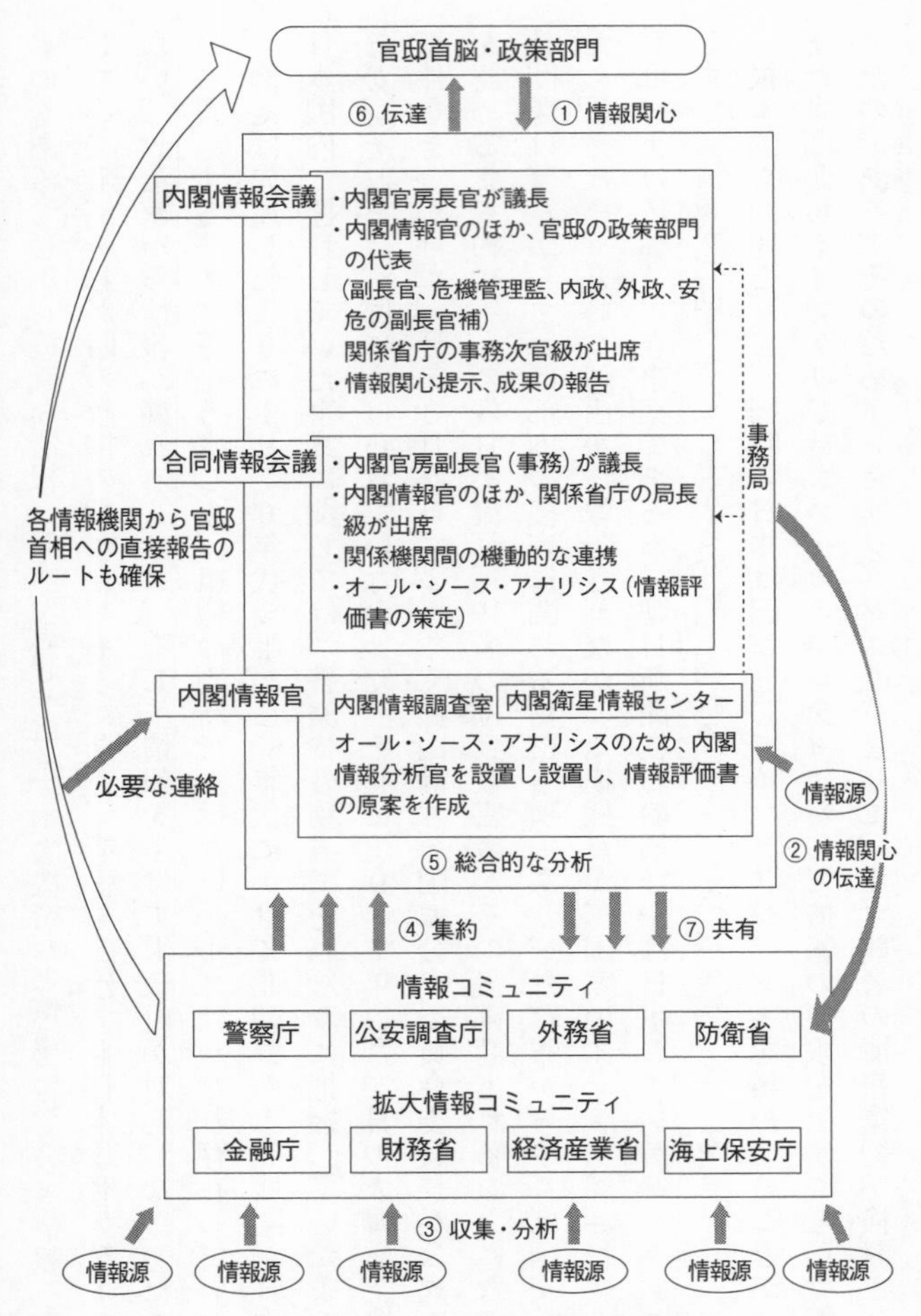

図３－６　インテリジェンス・コミュニティと合同情報会議
「国家安全保障会議の創設に関する有識者会議（第３回会合）」配布資料より

うになる。臨時行政改革推進審議会（行革審）は1985年7月に「我が国内外の情報の収集・分析体制を強化するため」、内調の改組と内閣官房に合同情報会議を設置することを求めている。基本的な考え方は、インテリジェンス・コミュニティを形成する各組織が一旦、合同情報会議に情報を提供し、そこで情報の集約と分析を施した上で、政策決定に寄与するようなインテリジェンスを政権に提供するという制度設計である（図3-6）。

合同情報会議

行革審の答申を受けた中曽根政権は中央情報機構を再編することになり、1986年7月1日の安全保障会議の設置に併せて、内閣調査室を内閣情報調査室（内調）に改編し、さらに合同情報会議を内閣官房に設置した。合同情報会議は内閣官房長官決済を根拠に、内閣官房副長官（事務）が主催するもので、不定期ながらも内調、外務省情報調査局、防衛庁防衛局、警察庁警備局、公安調査庁の五つの組織が集まってお互いの情報を共有する場であった。これは1950年代の連絡協議会（五者協議会）以来の顔合わせであったが、合同情報会議は各省庁の情報担当者が集まって情報を共有し、それを官房長官に上げるまでしか想定されておらず、何のために情報を共有するのかという点が不明瞭だった。関係者によると、当時はただ集まって適当に雑談をして切り上げる、という有様だったらしい。

この仕組みは英国の合同情報委員会を模したものといわれており、本家英国でも1982年のフォークランド紛争への反省から、同委員会の機能が強化されたところだった。ただし英国では首相がトップダウンで政策を決定するため、合同情報委員にインテリジェンスの要求を出すという制度設計だが、日本の場合はボトムアップの政策決定が基本となるため、官邸からの情報要求が来ないまま、とりあえず内閣官房の合同情報会議に情報を集約しておく、という形になってしまう。

インテリジェンスはそれを必要とする部門に上げることが必須であり、そのためには独自の戦略や政策を作り上げる必要がある。つまり、官邸や安全保障会議での外交・安全保障政策策定のために、各省庁のインテリジェンスを活用するという方針を示して合同情報会議を安全保障会議と繋ぎ、後者で検討される外交・安全保障政策のために情報を提供させる、という制度設計にする必要があった。しかし当時はそこまで想定されていなかったため、安全保障会議と合同情報会議は特に連携せず、ほどなくして形骸化の運命を辿ることになる。

この時代の組織再編を検証したPHP総合研究所の金子将史(まさふみ)は、「官邸の情報機能再編も、外務省の情報部門強化も、見かけほど大きな前進をもたらすものではなかった。合同情報会議はやがて形骸化し、内閣情報調査室による情報集約や外務省内の情報共有・集約も不十分なままだった」と評価している。[86] 大事なのはまず官邸や内閣官房で外交・安全保障政策を策定する仕組みを整備し、そこに寄与するような中央情報機構を構築すべきなのだが、前者をあまり検討せず、英国の仕組みを形式的に取り入れただけの制度となってしまったのである。

まとめ

冷戦期における日本のインテリジェンスの根本的な問題は、日米同盟の下で日本が独自の外交・安全保障政策を取る必要性がなかったことと、さらに構造的な問題として日本のインテリジェンス・コミュニティが米国の安全保障政策に組み込まれていたことである。冷戦期の日本のインテリジェンスは、米国の下請けとして機能していたといえる。

大韓航空機撃墜にまつわる通信傍受活動と情報の利用はその最たるものであった。本来であれば日本が得た情報はまず日本政府が活用すべきものであるが、速やかに米側に引き渡されている。そうなると日本側が独自に行わなければならない情報活動は国内における治安維持や外国スパイの対処となり、この分野では公安系のインテリジェンス組織が活躍した。ただし日本国内には大規模な朝鮮系のコミュニティが存在しており、国内でも朝鮮半島情勢に関する情報は収集できた。

他方、中央情報機構として設置された内調は、停滞の隘路に嵌りこんでいたといっても過言ではない。例えば内閣情報調査室の採用パンフレットの沿革を見ても、1957年の調査室の設置の次は、1986年の内閣情報調査室への組織変更となっており、間の30年近くはほぼ空白の時期であることが窺える。

本来、首相に直結する内調は歴代の首相に判断の材料となるインテリジェンスを上げ続けなければならない。しかしこの時期、首相と内調の関係は冷え切っており、内調が存在感を示せたのは大韓航空機撃墜の情報を中曽根首相に報告した時ぐらいのものである。つまり冷戦期の日本のインテリジェンス・コミュニティは、他国のように、恒常的に政治指導者の政治判断に有益な情報を提供できていなかった。また政治指導者の側もインテリジェンスにあまり期待していなかったのではないだろうか。その根本的な原因はやはり内調の規模や権限があまりにも限定されており、有益な情報活動が行えなかったことだろう。

冷戦期に国家レベルのインテリジェンス改革の試みとして辛うじて見られたのは、岸、佐藤、中曽根政権時代の秘密保護法制への着手であるが、いずれも上手くいかず、結局中曽根政権時代に中央情報機構にわずかな手が加えられただけで終わっている。つまり冷戦期は、吉田政権時代に見られたような、対外インテリジェンス組織の設置や、秘密保護法制の整備に向けた政治的推進力が欠けていたといえる。そしてたまにスパイ事案や情報漏洩が表沙汰になることで、世間の注目が一時的に集まる、といったことが繰り返された。

またこの時期の日本のインテリジェンス・コミュニティは警察の影響力が強くなり、他省庁から見れば「警察がインテリジェンスを独占した」とも映る。しかしこれは戦後の平和主義による軍事部門の極小化と、冷戦という特殊な環境の影響が大きい。冷戦時代に求められた情報は主に国内の治安情報であり、ここでは公安警察と公安調査庁が活躍した。また実戦を経験することがなかった自衛隊に対して、警察は国内での実戦のため、組織的にインテリジェンスの人員を育成していたことも大きい。内閣情報調査室長は法令によってどの省庁と定められているわけではないが、結局、適任者を送り込めるのが警察しかなかったのだ。

結果的に、日本のインテリジェンス・コミュニティに統合力を与えたのは、警察であったとも評価できる。警察は各省庁の情報部門に自ら要員を送り込むことで、ややもすれば四散しそうなコミュニティを何とか取りまとめ、それを次の時代に繋げたとも解釈できよう。

第4章

冷戦後のコミュニティの再編

1　冷戦後の公安組織

北朝鮮の脅威、地下鉄サリン事件、日本赤軍

冷戦の終結によって、それまで西側が仮想敵国としていたソ連を始めとする東欧圏は軒並み総崩れとなり、西側諸国でのインテリジェンス・コミュニティの重要性は一時的に低下する。しかし1990年代は日本国内で阪神・淡路大震災や地下鉄サリン事件が起き、国外では湾岸戦争や北朝鮮によるミサイル発射実験などの事案が引き続き生じたため、むしろ危機管理とそれを支えるインテリジェンスの強化が模索された時期であった。90年代に内閣情報調査室長を務めた大森義夫（図4-1）は「内調の仕事に開国的な変化をもたらした新事態は湾岸戦争である」とし、この戦争を境に内調は「政策のベースとなる情報」を官邸に上げるようになったという。[1]

1993年5月29日には北朝鮮が中距離弾道ミサイル「ノドン」を日本海に向けて発射す

るという事案が生じた。しかし日本のインテリジェンスは発射の兆候どころか、発射されたという事実を確認する術すら持たない状況であり、ただ米国からもたらされた情報を鵜呑み（うの）にするしかできなかったのである。

大森は、「この情報を専門家集団に委嘱して評価を求めたいという意識は正直言って、全くなかった。委嘱するメカニズムも政府内に存在していなかった。結果としてノドン情報は垂れ流しで、一三〇〇キロ、日本全土を射程内に入れる新型ミサイルを北朝鮮が持ったという「事実」だけが検証なしで一人歩きした」と苦渋を滲（にじ）ませている。[2]

同情報は大森から宮澤喜一総理、河野洋平・官房長官、石原信雄・官房副長官に上げられたが、石原官房副長官は世論喚起する意味合いで、あえてミサイル情報をマスコミに明かしている。情報はイスラエル筋からもたらされたと説明された。

しかし当時、マスコミも裏取りする術を持っていなかったようで記事にならず、世論の反応は冷静であった。[3] この時、日本のインテリジェンス・コミュニティは北朝鮮の弾道ミサイルの脅威に全く対応できない、という事実のみが明らかになったのである。

図4－1　**大森義夫**（1939－2016）

その後、1995年1月17日に阪神・淡路大震災が発生。さらに震災から2ヵ月後の3月20日にオウム真理教による地下鉄サリン事件が続く。本件は刑事警察が主担当ではあったが、教団がロシアで勢力を伸ばしていたこともあり、外事警察にも捜査が求められていた。CIAやモサド（イスラエル対外情報庁）といった諸外国の情報機関も、ソ連崩壊後の武器拡散という安全保障の観点からオウムを調査しており、カルト教団が化学兵器を都市部で用いた前例のない事件だったため、外事警察は情報収集のために諸外国捜査機関との情報共有役も買ってでている。

その後、1996年12月17日には、在ペルー日本大使公邸において、青木盛久大使以下600名がトゥパク・アマル革命運動の構成員によって人質にされるという事件が生じた。日本政府はペルー警察の動向を見守るだけで、解決まで5ヵ月もの時間を要している。その間、日本政府はペルー警察に頼り切りの状況であり、当時内閣情報官だった大森は「情報をもたずODA以外に対策をもたない日本はみじめに完敗した」と述懐している[5]。

事件後の1998年、海外の邦人人質事件に対処するため、警察庁外事課に国際テロ緊急展開チーム（TRT）が設置されている。同チームは緊急時に海外に派遣され、現地治安当局との連携や情報収集を行う組織である。2004年8月、TRTは情報収集に加え、医療や鑑識の機能を持たせた国際テロリズム緊急展開班（TRT－2）に改編されている。

一方、公安警察の長年の調査対象となってきた日本赤軍は1997年2月15日、レバノンに潜伏していた赤軍メンバー5名が現地当局に逮捕され、その内、岡本公三を除く4名が2000年3月18日に成田空港に送還される。警視庁公安部は4人が成田空港で入国したところを逮捕している。さらに同年11月8日には高槻市で赤軍メンバーの重信房子が大阪府警公安部に逮捕されることで、日本赤軍は事実上の壊滅状態となった。

イスラム過激テロ

過激派の活動は低調になったものの、平穏は長く続かなかった。2001年9月11日に米国で同時多発テロが生じると、世界はテロとの戦いに突入する。警察は国際テロ情報収集を重視するようになり、翌年10月には警視庁公安部内にイスラム過激テロに関する情報収集を所掌とする外事第三課が新設される。この第三課は2010年に公安情報流出事件を引き起こすことにもなる。

漏洩した資料からも、当時外事第三課の情報関心は国内のイスラム・コミュニティの実態解明と、そこから国際テロに繋がる情報を収集することだったのがわかる。資料では、「仮に海外からテロリストが我が国に入国してテロの実行を企図するならば、ほぼ間違いなく我が国に存在するイスラム・コミュニティの支援を必要とするはずであり、また、最近のテロ事件をみると、移民やその二世等、既にその国に定着した者がテロを敢行していることにかんがみても、平素から、管内に所在するイスラム・コミュニティを把握しておく必要がある」と説明されている。[6]

しかしながら公安警察は、2002年7月から2003年9月にかけて新潟市内に潜伏していた国際テロ組織アルカイダの幹部、リオネル・デュモン容疑者の存在に気付いていなかったようだ。その後、同容疑者が2003年12月にドイツで逮捕されたことで、日本に滞在していたことが判明している。

このように国際テロ対策は喫緊の課題となっており、2001年から翌年にかけて日本政府は「テロリズムに対する資金供与の防止に関する国際条約」等、一連の条約を締結することにより、警察庁を中心として国際的なテロ対策の枠組みに参画することになった。そして2004年4月には警察庁警備局に外事情報部が設置され、同情報部が各都道府県警察の外事警察（1200〜1500人程度と推定）[7]を監督するような仕組みが整備されたのである。警察にとって同情報部設置の意義は大きく、平時から国外で治安やテロ情報を収集する組織が整備されたことになる。

外事情報部は北朝鮮による拉致対策や防諜、大量破壊兵器関連物資の不正輸出を取り締まる外事課と、国際テロに関する情報の収集を行う国際テロリズム対策課からなる。後者の組織は元々日本赤軍の追跡を専門としてきた警備局調査官室であったが、赤軍よりも国際テロ組織のほうが重要視されることになったため、1994年に改編されている（国際テロ対策室）。また冷戦終結以降、警察庁は海外の在外公館にも積極的に人員を派遣しており、2005年の時点で21名に上る（警備対策官を除く。同時期の防衛駐在官は48名、公安調査庁のアタッシェは16名）。

公安調査庁の対外進出

オウム事件には公安調査庁（公調）も深く関わっていた。公調も以前から教団についての情報収集を行っており、1996年7月には破壊活動防止法（破防法）に基づく団体規制請求を初めて行った。この請求は公安審査委員会で検討され、破防法適用の要件を満たしていないということで、適用は見送られている。オウム真理教が同法第5条の「将来さらに団体の活動として暴力主義的破壊活動を行う明らかなおそれがあると認めるに足りる十分な理由」を満たしていないのではないか、とされている。これでは公調の存続意義にも関わるということで、庁内では破防法の改正が真剣に議論されたようである。

同庁では以前から警察のような強制捜査権によって調査能力を拡充することが悲願となっており、最終的には1999年12月に、「無差別大量殺人行為を行った団体の規制に関する法律（団体規制法）」が公布、施行されている。この法律によって、公調はようやく調査対象の団体に対する立ち入り検査権限が新たに認められることとなった。ただし警察のような直接強制力と異なり、その権限は間接強制力であり、調査される側は法的罰則（1年以下の懲役又は50万円以下の罰金）を覚悟すれば拒否することもできる。

根本的な問題として、公調は戦後直後に国内の共産主義勢力を監視するために設置されており、冷戦終結によってそのような勢力が減退したため、やはり存在意義が問われるようにもなっていた。そこで公調自身も対外情報機関への転換を検討するようになり、1996年5月の政令改正では同庁の海外展開について強調されている。[8] 海外情報を担当する第二部第二課は、諸外国30もの情報機関と協力関係にあり、すでに94年の朝鮮半島危機の際には、CIAが情報を求めてくるようなこともあった。

この政令改正では諸外国との情報交換も正式な業務と定められ、公調は対外情報機関への布石を打つことになる。しかしこの動きは、同じく諸外国機関と関係を持つ警察庁をいたく刺激したようである。このとき警察は、公調は破防法を根拠として国内で調査活動を行う機関に過ぎず、外務省の頭越しかつ警察の領分を侵すごとく諸外国情報機関と情報交換を行うのはいかがなものかと噛みついたのである。これに対して公調は、あくまでも所掌事務に基づいた権限によって活動すると反論し、最終的に警察庁と法務省の間で覚書が交わされている。それによると公調の諸外国情報機関とのやり取りは、「警察庁が行っている外国治安機関等との情報交換等の事務に支障を及ぼさないよう配慮すること」とされ、警察の領分を侵すことがない旨を宣誓させられたのである。[9]

しかし2001年5月には、公調が外国情報機関から独自に得た情報によって、北朝鮮労働党総書記の金正日の長男、金正男(キムジョンナム)が成田空港で拘束されるという事件が生じ、再び警察との軋轢(あつれき)が露(あら)わになった。金はドミニカ共和国の偽造パスポートを使用して、成田空港から日本に入国を試み、過去にも同じ手法によって日本への密入国を3回ほど実行していたようである。現在もこの情報の出所は判然としていないが、おそらく海外の情報機関からの情報提供があったものと推察される。

もし仮にここで公調が独自に動けば、それは「破防法に基づいた調査」ではなくなり、警察との関係も悪化することが想定された。そこで同じ法務省の入国管理局（入管）に情報を提供することで、隠密な解決を図ったものと考えられる。関係者によると、最初の情報はドミニカの偽造旅券による外国人の入国がある、といったもので、この段階では誰がそれを使用しているのか、という詳細は明らかになっていなかった。そしてこの情報は公調から同じ法務省の入管に速やかに伝えられ、成田空港において強制捜査権を持つ入管の警備課が偽造パスポートを所有する人物を確認、同行者ともども拘束するに至った。

しかしパスポートの所有者が金正男であることが判明し、マスコミが事件を報じたことで、問題は政治化していく。偽造パスポートを使用した疑義行為の場合、入管は入国を認めず、速やかな国外退去処分、という手続きを取る。田中眞紀子・外務大臣以下、外務省も国外退去処分を支持した。しかし公安警察はそのまま拘束、もしくは泳がせて監視することを主張したので問題は紛糾していく。官邸でも議論が行われた結果、最終的には外務と入管の主張する国外退去処分となり、5月4日には外務省のスタッフが金正男とその一行を全日空機で北京まで護送することになった。おそらく公調としても、そのまま金を入国させて泳がせ、情報を収集するのが最善だったのだろうが、様々なリスクを考慮して入管に判断を託したのだろう。さらに入管を通じて本人から情報も聞き出せたようで、公調としては上手く立ち回った印象を受ける。

先述したように公調の本質は、警察のような法執行機関ではなく、調査を専門とする情報機関であるため、被疑者を逮捕して情報を取ることはできない。ただし調査自体にはかなり柔軟性が認められている。破防法27条は、国民の自由と権利を侵害しない範囲において、「必要な調査をすることができる」と定めており、調査対象は「団体」であれば、テロ組織から国家組織まで認められるため、同庁が本格的な対外情報機関への脱皮を目指すこともそれほど不自然ではない。

また当時の行革による定員の削減（1700人から1500人）、地方支部局の縮小（43支部から14支部）といった逆風も公調の幹部に危機感を抱かせた。行革の議事録には「公安調査庁については破壊活動防止法の在り方が課題となるが、立法時の趣旨からみて時代にそぐわないものとなっており、人員も過剰ではないか」「公安警察と公安調査庁の行っていることにどの程度違いがあるのか。ほぼ同一ならば統合できるのではないか」といった意見が見られる（「行政改革会議第30回議事録概要」1997年10月1日）。

そもそも公調は破防法適用団体を調査するための組織であり、本格的なインテリジェンス機関へと脱皮するには破防法の縛りを解く必要があったが、それは至難の業である。オウム真理教のような無差別テロ犯罪に対してすらも破防法の適用は見送られ、代わりに先述した「無差別大量殺人行為を行った団体の規制に関する法律（団体規制法、もしくはオウム新法）」が制定されたほどである。つまりは破防法を改正するよりも、新規立法のほうがまだハードルが低いと見なされていたことになる。

検察・警察のくびき

さらに法律の縛りに加え、公調の長官と次長が検察官（当時）、第一部長が警察官僚、といった具合に、検察・警察のくびきがはめられており、これを取り外すのも容易なことではない。そもそも同庁のキャリアパスにおいて、国家公務員一種試験（現在の総合職試験）に合格したキャリア組でさえ、その栄達ポストはナンバー3となる総務部長止まりであった（現在はナンバー2の次長）。

公調がこれらのくびきを外すためには、時の権力者による政治力が必要となってくるが、同庁は政治から距離を取っていた。また部内では内調との合併案も上がっていたようだが、これだと今度は内調を実質的に牛耳る警察と、公調を縄張りとする検察との対立が生じてしまい、抜き差しならない状況となる。

実際に警察と検察の縄張り争いは何度も顕在化しており、1986年に共産党幹部宅の盗聴が発覚した際には、警察と検察の対立が生じかけたが、当時の検事総長、伊藤榮樹は「検察は、警察に勝てるか。どうも必ず勝てるとはいえなさそうだ。勝てたとしても、双方に大きなしこりが残り、治安維持上困った事態になるおそれがある」として対決を回避した程である。[10]

他方、公調が海外で独自に情報収集を行おうとしても、今度は外務省の壁が立ちはだかる。先述のように外務省は戦前の反省から外交の一元化を標榜しており、外務省設置法でも国際情勢に関する情報の収集は外務省の所掌とされている。さらに外務省は在外公館や外交公電、パスポートの発行に外交官特権といった、海外で情報活動を行う際のインフラを一手に握っているため、外務省の協力がなければ実際問題として海外での情報活動は不可能である。

例えば海外に派遣される国家公務員には外務省から濃緑の公務パスポートが提供されるが、そこには職員の氏名、身分、所属官庁が明記されており、これでは秘密の情報活動は難しい。そうなると諸外国の情報機関のように偽名や身分を偽ったパスポートが必要となるが、日本の法律上これは文書偽造の罪に抵触するので、外務省としては協力するわけにはいかない。

さらに海外で公調の職員が外国情報機関から情報を提供された場合、基本的には最も安全度が高いとされる外交公電によって東京に通知することになる。しかしインテリジェンスの世界には「サード・パーティー・ルール」というものがある。これは協力相手から得た情報を、相手の許可なしに第三者に勝手に知らせてはならない、というものであり、このルールは情報源保護のため厳格に守られている。

ところが在外の日本大使館において外交公電を使用する場合には、大使以下、外務省幹部の許可が必要となり、その過程で送信する内容を回覧せねばならなくなる。外務省からすれば、外交情報を一元的に管理できる仕組みとなっているが、サード・パーティー・ルールには抵触する。他国では外交公電の外に情報機関用のラインを敷設していることも多く、そういった国では問題とならない。これは公調に限らず、日本では海外から日本へ安全に情報を送れるのは外交公電しかないが、外務省幹部を通さなければ公電は使えない。そのため、各省庁は独自の暗号通信や直接人を送って本省庁へ情報送信を試みるなど、インテリジェンス・コミュニティの苦労は絶えない。
後に公安調査庁調査第二部長となる西田稔は、1996年に在ユーゴスラビア日本大使館で二等書記官として勤務した時の苦渋を以下のように述べている。

当時、多少とも憤りを感じたのは、当庁が情報の安全な送付に何ら関心を示さなかったことである。どうせ大したものは送れないと思っているのだろうか。〔中略〕誰が何と言おうと、入手先から安全に秘密情報を本庁に送れないようなら、その局面に限っていえば、絶対に当庁は情報機関ではない。したがって、当庁は、情報機関として職員を海外に派遣しているのでは断じてない。[11]（野田『公安調査庁の深層』）

さらに公調は警察のように犯罪捜査や治安維持のために情報収集するわけでも、外務省や防衛庁のように政策立案のために情報収集するわけでもない。ただひたすら情報を組織内にため込む仕組みになっている。欧米諸国では対外情報機関というのは政治指導者に直結し、政策判断のために情報の収集活動を行っている。では公調は官邸へ積極的に情報を入れていたかというと、実際には官邸とは縁遠い状況が続いていた。

１９９７年12月の行革会議最終報告書では、公調について「相当数のマンパワーを在外における情報収集活動の強化、内閣における情報機能の充実に充てる」とされ、その後、公調から40名の定員が内閣情報調査室に、60名の定員が外務省に移管され、組織の定員を大幅に減らされていた。当時はまさに組織存続の危機にあり、１９９８年３月に部内文書を作成して、「公安調査庁が入手した情報については、今後積極的に官邸、関係機関に提供していくことを庁の基本方針として意思統一すべき」とし、官邸への情報提供によって組織の生き残りを図ろうとしている。[12] おそらくこれを契機として、公調は官邸を意識するようになったものと推察され、２００２年に最高検察庁刑事部長だった町田幸雄が長官となると、長官自らが積極的に官邸へ足を運ぶようにもなった。

ただし公調としては、対外情報機関への脱皮が総意というわけでもなかったようである。先述したように国内情報を掌る調査第一部のほうは、オウム対策や調査権限強化といった、従来の任務の延長上に組織を位置づけており、外国情報を掌る調査第二部のほうが対外情報機関構想に前のめりであった。しかしこれまで見てきたように、公調が対外情報機関となるには幾つもの高いハードルがあり、どうしても現状の枠内で部分的な改革に終始せざるを得なくなる。同庁は90年代から２０００年代にかけて、在外公館への派遣人数を８名から16名へと拡充させ、その英語名称を「ＰＳＩＡ（Public Security Investigation Agency）」から「ＰＳ

IA（Public Security Intelligence Agency）」に変更したが、これが精一杯だったともいえる。[13]

2　米国からの自立とコミュニティの統合

「日本版007」外務省のIAS

冷戦期を通じて日本のインテリジェンス・コミュニティは米国の下請け的な任務に終始し、また何か事象が生じた場合は米国からの情報に頼る、といった状況に適応してしまっていた。ある元内閣情報調査室長は「日本は安全保障やインテリジェンスといった重要な国家安全保障機能についてはアメリカに頼ることに慣れてしまい、我々自身のその方面の能力は貧弱になってしまった」と述べており、[14] 米側でも元国家情報長官のデニス・ブレアが「アメリカへの依存に対する苛立ちは理解できるものだ」との感想を残している。[15]

第3章の「外務省の対外インテリジェンス」の節で述べたように、政策官庁である外務省にとって情報業務は副業であり、それぞれの地域局が自らの政策のために情報を収集しているのが実情であり、それを政府の政策のために提供するという意識も乏しかった。大森義夫は「四年間の在任中、外務省の公電を見せて貰ったことは一度もない」と回想しており、外務省から内調へ情報が提供されていなかった様子が窺える。[16]

さらに組織として積極的にインテリジェンスに関わるでもなく、岡崎久彦や元外務官僚の佐藤優(まさる)のような個人の力量に頼るところが大きかった。元外務官僚の兼原信克は当時、CIAから「日本のインテリジェンスは石器時代の段階だ」といわれたことを後に述懐している。[17] 外務省は国の海外情報の収集を所掌とし、それを一手に引き受けながらも、自らの組織のために情報収集や分析を行う組織に留まっていた。そもそも外務省の情報収集のほとんどは、在外公館や大使公邸でのパーティーや、赴任国の政治家との意見交換から得られるものである。

ただ外務省にいわせれば、外国のスパイや怪しい情報提供者の真贋(しんがん)のわからないような情報にはあまり意味がなく、堂々と赴任国の政治家から情報を得る外交官のやり方が王道だという。正論ではあるものの、相手国の政治家がすべての情報を握っているわけでもなく、必ず真実を話してくれるとも限らない。外交安全保障政策のためには軍人の持つ軍事情報や情報機関が持つ秘密情報、さらには財界の経済産業情報等、あらゆる分野の情報を集め、それを分析する必要がある。

そこで外務省は1993年には情報調査局を改編し、情報収集と分析に特化した国際情報局（国情）を設置し、組織的にインテリジェンスを扱う体制を整えた。しかし2002年には、「外務省のラスプーチン」と呼ばれた同局の佐藤優・主任分析官が鈴木宗男事件に巻き込まれるという政治スキャンダルが生じることになる。佐藤自身は優秀なロシア・スクールの分析官で、在モスクワ大使館勤務時代の1991年8月のソ連崩壊に繋がるロシア政変の際、当時のミハイル・ゴルバチョフ大統領の動静を世界に先駆けて摑むなど、その情報収集力には定評があった。しかし政治の領域に近づき過ぎたことで、スキャンダルに巻き込まれたようである。

このスキャンダルの影響で、2004年に国情は国際情報統括官組織(IAS)へと改編され、事実上「局」から格下げされる。ただし統括官組織は徐々に外務省の情報分析部門として存在感を示しつつあり、省内では「国情」、もしくは英語名の「IAS(Intelligence and Analysis Service)」として認知され、中国では「日本版007」と報じられたこともある。[18]

防衛庁情報本部の誕生

防衛庁・自衛隊の各インテリジェンス組織も、冷戦期から米軍との関係を維持しており、電波傍受を掌る陸上自衛隊幕僚監部調査部第二課別室(調別)は、一九八三年の大韓航空機撃墜事件の際に明らかになったように、特に米国の国家安全保障局(NSA)との関係が深かった。

しかし冷戦後、日本は独自の安全保障政策を策定することを迫られ、そのためには防衛庁・自衛隊も情報収集機能を強化することが必須であった。元警察官僚で官房長官を務めた後藤田正晴は朝日新聞のインタビューで、戦後日本のインテリジェンスが育たなかった原因として、「米国依存だから。国の安全は全部米国任せだから、いまのように属国になってしまったんだ」と述べている。[19]

また先述したように調別は内閣情報調査室（内調）の影響下にもあったため、そこに勤務する1300人もの自衛官は文民統制の下にないとも捉えられかねない。さらに冷戦後も調別の電波情報は、陸幕長や防衛庁長官ではなく、内調を通じて官邸に届けられるという仕組みのままであった。防衛庁・自衛隊から見た場合、陸上幕僚監部の組織が集めている通信傍受情報が、米国と内調に吸い上げられ、自分たちだけで活用できないのはやはり不満であろう。当時、日米の通信傍受情報を俯瞰的(ふかんてき)に見ることができた米国防情報局長は、「我々はシギント〔通信傍受情報〕交換協定を通してアメリカと共有していた日本が集めたシギントに触れることがあった。〔中略〕そのシギントは収集者〔調別〕によって自衛隊に与えられなかった」と語っており、[20]当時の運用の歪(いびつ)さが垣間見える。そのため、防衛庁・自衛隊からすれば、調別を自分たちの管理下に置くことが悲願の一つであった。

さらに、陸海空自衛隊と防衛庁内部部局（内局＝背広組）はそれぞれが情報活動をしており、情報共有も行われず、縦割りそのもので非効率でもあった。陸自きっての情報通であり、初代情報本部長となる国見昌宏は、「内局の調査1課、調査2課、そして統幕2室及び各幕調査部、それぞれが内局は防衛政策という観点から、統幕は自衛隊全般に必要な情報という観点から、各幕はそれぞれ作戦遂行という観点から情報業務を行っています。しかし、各組織で行っている情報業務には重複する部分も見られ、効率的な情報業務の実施や情報成果の十分な活用ができたとは必ずしも言えなかった」と説明している。[21]

また当時、防衛庁調査一課の黒江哲郎（後の防衛事務次官）も次のように語っている。

当時、軍事情報の収集や分析、さらには政策決定者に対する報告に関しては、多くの問題がありました。各自衛隊は様々な情報収集機材を運用してそれぞれが関心を有する情報を収集し、分析していましたが、報告先は各幕僚長や部隊指揮官にとどまっており、その成果が他の自衛隊との間で共有されたり、あるいは大臣や総理に報告されたりすることは稀でした。[22]

（黒江『防衛事務次官冷や汗日記』）

そこで防衛庁は、運用上の合理性から自衛隊の情報組織を統合すること、そして米軍や内調のくびきから調別を解放することまでも考えていたと推察される。防衛庁・自衛隊の情報組織を統合し、情報本部を創設するという構想を披露したのは「ミスター防衛庁」と呼ばれた防衛庁生え抜きの防衛事務次官、西広整輝（にしひろせいき）であり、1989年11月25日にはその具体的な計画について朝日新聞が報じている。西広から相談を受けた後藤田が当時の様子を回顧している。

西広整輝君が防衛事務次官だったとき（88～90年）に来てね。「あれ〔調別〕を充実したいから、防衛庁でやらせてください」と言ってきたんだ。僕はずいぶん考えたんだけど、「よかろう」と。ただし条件があるぞ、情報は全部内閣に上げろ。それと制服だけで防衛庁で運営するのはまかりならん。内閣の職員を入れろ。部長が制服なら、代理はシビリアンで内閣の職員。あるいはその逆、と。そしてこう言った。「なぜこんなつまらんことを言うかというとね、制服の兵隊さんだけが政府全体の情報を握ることになると、政府がそれに引きずられることになりかねない。それが一番困るんだよ。〔後略〕」[23]

その後、1991年の中期防衛力整備計画において、「総合的な分析を実施し得る体制の充実に努めるとともに、各種情報収集手段等を整備する」という青写真が描かれた。情報本部設置への道のりは、縦割りかつ細分化された情報組織をどのように統合するかという、その後の国家インテリジェンスを構想する上での試金石ともなる。戦前の経験からすれば、縦割りの情報運用では各組織の情報共有が行われず、その結果、国家レベルのインテリジェンスが生産されない、という点は明らかであった。

制服組の反発

しかし実際に防衛庁・自衛隊内で統合の検討が始まると、陸海空自衛隊、内調はこぞって反対し、警察は辛うじて中立という有様であった。この時最前線で折衝に当たっていた黒江は、「統合情報組織の設立に反対する各幕の主張の背景は、「これまで営々と苦労して投資し、育て上げてきた組織を勝手に取り上げられるのには反対だ」という強い感情論がありました」と説明している。[24]

ここからは推論になってしまうが、陸海空の各幕が反対したのは、統合される過程で各幕の情報に対する権限が低下し、背広組に情報が牛耳られることへの警戒と、そのうえ、新組織のための予算捻出を求められる可能性があったためだと考えられる。内調の反対は調別室長をめぐるもので、もし代々警察官僚で占められてきた同室長のポストが自衛官の手に渡れば、内調は虎の子ともいえる情報収集手段を手放すことになり、また自衛隊が電波情報を牛耳る危険性も懸念したと推察される。警察の中立は、そもそも警察は当事者ではないという意識であり、調別室長さえ確保できれば介入する必要はないといったあたりだろう。

つまり、運用の面からすれば統合という形態が一番合理的だが、どの組織も他者が情報を独占することへの警戒心が根強く、それが防衛庁・自衛隊の情報組織の統合の妨げとなっていた。情報本部設置をめぐる各組織の確執は、戦後長らく日本のインテリジェンス・コミュニティが統合されない理由をまさに体現していたといえる。

このような状況下で各組織を説得して回ったのが、警察庁から防衛庁に出向していた当時の調査第一課長、三谷秀史（みたにひでし）（後の内閣情報官）である。西広の意向を受けて三谷はインテリジェンスの統合運用の重要性を方々に説いて回ったが、一課長の力だけでは各組織を説得するのはきわめて困難な状況であった。黒江も「各幕の反対は強烈でした」と語っている。しかし元大蔵官僚の秋山昌廣（まさひろ）・防衛局長（後の防衛事務次官）が統合賛成に回ったことで、事態は大きく動き出すことになる。三谷は「秋山局長の援護がなければ到底なしえなかった」と回顧する。[25] こうして情報本部は構想から10年近くもの歳月をかけて形作られていくことになった。

そして最終的に1997年1月20日、統合幕僚会議下の組織として、1700名の人員で情報本部が立ち上がった。この時点で、公安警察と公安調査庁に次ぐ、日本で三番目の規模のインテリジェンス機関の誕生となった。情報本部の中核は定員の3分の2程度を占める電波部であるが、その他にも米国の商用衛星を利用して外国の軍隊に関する衛星写真を収集、分析を行う画像部（現、画像・地理部）、公開情報の収集や分析を行う分析部、外国の軍隊に関する情報の収集や自衛隊各部隊の情報を集約する緊急・動態部（現、統合情報部）が設置されており、現在も防衛省・自衛隊のインテリジェンスを日々支えている。

また各国の軍事組織との情報交換も情報本部の任務となり、情報本部は電波と衛星写真情報、各自衛隊や防衛駐在官の収集する人的情報、そして外国組織からもたらされる情報の四種類の収集手段を有することになった。その一方で、調別室長を引き継いだ電波部長のポストは、引き続き警察官僚の指定席とされた。これは情報本部の政治的庇護者である後藤田正晴の意向が反映されたようである。[26] 後藤田は、電波部が防衛庁・自衛隊のものだけではなく、内閣の意思決定に寄与するような組織であるべきだ、と考えていた。

こうして防衛庁・自衛隊は情報本部の設置によって、内局や各自衛隊に分散していた情報部門を統合し、国家レベルの情報機関を創設するという第一の目的は果たした。戦後初めて、防衛庁・自衛隊内の組織ではあるが、各組織に散らばり、縦割りの運用が常態化していたインテリジェンスを統合するという試みが成功した点は評価すべきだろう。しかし第二の目標であった電波部（旧・調別）については、ようやく情報本部長の麾下に置かれたものの、内調－電波部というラインは残された。こうして現在も、電波部長は警察の指定席となっている。

さらに2000年12月には防衛庁が「防衛庁・自衛隊における情報通信技術革命への対応に係る総合的施策の推進要綱」と題した文書を公表し、防衛庁・自衛隊における情報優越（情報の認知、収集、処理、伝達を迅速かつ的確に行うことについて相手方に優る（まさ）こと）を追求することが謳われた。具体的には庁内のネットワーク環境の整備、情報・指揮通信機能の強化、情報セキュリティの確保によって、自衛隊の米軍との連携を円滑にし、部内からの情報漏洩を防ぐという方針が示されている。

自衛隊の場合は、米軍というカウンターパートナーがいる以上、つねに米軍のシステムに準じたものが要求されてきたことがあり、システムそのものは日本のインテリジェンス・コミュニティの中で最も整備が進んでいる。米国の国家安全保障局（NSA）は警察庁とともに陸上自衛隊を通信傍受上の提携者と位置づけており、日本を「最も価値のあるパートナー」と評価していた[27]。

陸自の中央情報隊

他方、2003年の自衛隊初の海外派遣となるイラクのサマーワでの駐屯をきっかけに、現地での情報収集の必要性に加え、陸上自衛隊（陸自）そのものの情報機能を拡充することが検討されるようになった。2004年12月10日に閣議決定された「防衛計画の大綱」内では、「安全保障環境や技術動向等を踏まえた多様な情報収集能力や総合的な分析・評価能力等の強化を図るとともに、当該能力を支える情報本部を始めとする情報部門の体制を充実することにより、高度な情報能力を構築する」と情報機能強化が謳われている（「平成17年度以降に係る防衛計画の大綱について」）。この方針に則り、陸自の各情報組織が統合され、2007年3月28日には防衛大臣直轄の中央情報隊（定員600名）が設置された。

同隊は国内外の公開情報を収集、翻訳する基礎情報隊、部隊の情報を集約する情報処理隊、国内外の地誌情報の収集・分析を行う地理情報隊、自衛隊の海外派遣時に現地情報の収集にあたる現地情報隊からなる。それまでは各情報組織が分立していたため、陸自の各部隊は旧中央地理隊や旧中央資料隊へ個別に情報要求を出す必要があったが、情報組織が統合されたことで、中央情報隊に情報要求を出せば必要な情報支援が受けられる体制が整備された。さらに情報処理隊の新設により、各情報を中央情報隊で分析することも可能となった。現地情報隊についてはやはりイラク派遣の教訓から、自前で現地の治安情報を収集しようとするもので、海外での人的情報収集に特化した50名程度の組織である。

初代中央情報隊長の市川卓治は、「イラク派遣では、現地情報の多くを他国の軍隊に依存していたわけですが、そうした情報はまさに死活的に重要となりますから、陸上自衛隊でもそうした情報活動に対処できる部隊を編成しましょうという案が浮上してきた」と説明している。[28] こうして戦後、分立していた陸自の情報部隊は統合され、さらに2010年3月には陸自の職種にインテリジェンスを専門とする情報科が新設されたことで、富士駐屯地の情報学校で情報教育・訓練を受けた隊員を情報本部や中央情報隊に供給する制度が整備されたのである。

内閣衛星情報センターの創設、米国の圧力

1997年に新設された防衛庁の情報本部は早々に試練に晒されている。翌98年8月31日未明の、北朝鮮によるテポドン・ミサイルの発射実験である。ミサイルは事前通告なしに日本の上空を飛び越え、衝撃を与えた事件である。当時、米国の早期警戒衛星がミサイル発射の兆候を捉え、防衛庁に通知してきたものの、情報本部はこれを事前に捉えることができず、また発射後も北朝鮮が主張するような人工衛星なのか、ミサイルなのか判断が揺らいでいた。

そして米国政府が「北朝鮮は小型の人工衛星を軌道に乗せようとしたが、失敗したという結論を得た」と判断し、北朝鮮の「人工衛星の打ち上げに失敗」という主張に追随したことで、日本政府にさらなる衝撃を与える。そのため自前の偵察衛星を持つ必要性が政官界で広く共有されるようになった。

元々、日本は必要があれば米国から衛星写真を提供されることにはなっていたが、それは米国側が許可したものでなくてはならず、また天候等を理由に、撮影自体が拒否されることも想定された。さらに米国から衛星の画像情報だけ提供されても、それを分析する能力が日本側になければ意味がない。

現に2003年のイラク戦争開戦の口実となった「イラクの大量破壊兵器開発の証拠となる秘密工場の衛星写真」は、後に大量破壊兵器とは何の関係もなかったことが明らかになっているが、当時日本政府は米国側の説明を鵜呑みにするしかなく、有志連合の対イラク戦争を無条件に支持することになった。その上、米国から防衛庁に提供されていた偵察衛星の情報は、主に防衛庁・自衛隊限りで使用され、他省庁どころか官邸にもほとんど上がっていなかったのである。そのため他省庁としても、独自に使用できる衛星画像情報が渇望されていた。

このような経緯から、日本が独自の偵察衛星を持ち、独自の情報収集能力と分析能力を持つことは、戦後日本のインテリジェンス・コミュニティにとって悲願であったといってもよい。テポドン・ミサイル発射の1週間後には早くも自民党の政策集団「日本再生会議」において、国産スパイ衛星保有についての検討が開始されている。衛星の導入については官の範疇を大きく超えるため、政治家が主導することになる。その中でも中山太郎・元外務大臣と野中広務・官房長官（図4－2）が積極的に導入の検討を進め、官の側では古川貞二郎・官房副長官を中心に、外務省国際情報局長の孫崎享と内閣情報調査室長の杉田和博が主導して進めていた。だが、すでに米国から独自に衛星情報を得ていた防衛庁は、むしろ消極的な態度を示した。[29]

衛星導入にあたって最大の障害は米国の意向であった。米国からすれば、日本は必要があれば米国から偵察衛星の情報を供与されており、問題はむしろ情報が政府内で共有されないという、日本側の組織の問題であるという認識で、日本が国産衛星の開発・保持にこだわる理由が理解されていなかった。

図4－2　**野中広務**（1925－2018）　内閣官房内閣広報室

当時、ワシントンの対日政策に影響力を持っていたリチャード・アーミテージ元国防次官補は、「完全に正しい決断だとは思わない。日本経済が難しい状況にあるときに、すでに米国が提供しているものを手に入れるため、多額の予算をつぎ込もうとしているからだ」と朝日新聞のインタビューで発言している（「国産」偵察衛星、道険し　2002年度打ち上げ危ぶむ声も」『朝日新聞』199

9年7月23日)。

米政府からすれば、日本は米国の情報の傘に収まっていればよく、百歩譲っても日本が衛星を持つのなら米国製のものを購入すればよかったため、日本が独自の偵察衛星を持とうとするのはナショナリズムの高揚ではないかとも疑われていたのである。しかし日本側が懸念したのは、やはり米国へ情報を依存する危険性と、米国の衛星を購入する場合はシャッター・コントロールが課せられる点にあった。これは米国製の衛星が、米軍施設を撮影できないようにした制約である。

ただ米国も一致して反対というわけではなく、偵察衛星の運用を一手に担う国防総省は反対、日本の立場を理解する国務省は中立、日本のインテリジェンス能力の向上を期待するCIAは賛成という有様であった。[30] 国防省では国防次官補代理のカート・キャンベルが反対派の急先鋒であり、国務省の知日派、ラスト・デミング国務副次官補は日本の立場に同情的であった。

遡ること1980年代、航空自衛隊の次期支援戦闘機(FSX)開発をめぐり、日本側が国産機開発を断念し、米国製のF－16戦闘機を購入、改良を加えての運用となったことが双方に大きなしこりを残していた。デミングとしては衛星開発をめぐって再び日米同盟に亀裂が入るようなことは何としても回避せねばならず、徐々に日本の国産衛星開発を認めたほうが双方にとって有益だ、という考えに落ち着いていく。そして反対派のキャンベルもデミングに説得される形で、日本の国産衛星開発に賛同するようになったという。

国産の情報収集衛星

こうして米国は主権国家としての日本の決定を尊重することになり、１９９８年12月22日、日本政府は閣議決定によって国産衛星導入の方針を固めた。「偵察衛星」とすると軍事色が濃くなる上、防衛庁の領分になりかねないため、各省庁が使用する多目的衛星という性格から、「情報収集衛星（Information Gathering Satellite：ＩＧＳ）」と名づけられている。

また情報収集衛星の保有については、１９６９年の宇宙の平和利用に関する国会決議によって、軍事的な宇宙利用に制限がかかっていたものの、85年2月の政府見解として、「その利用が一般化している衛星及びそれと同様の機能を有する衛星については、自衛隊による利用が認められる」という解釈となり（第１０２回国会　衆議院　科学技術委員会　第4号　昭和60年3月26日）、衛星の保有・運用については問題がないこととなった。すでに米国では商用衛星「イコノス」が実用化されており、その解像度が1メートル（衛星から地上にある1メートル程度のものが識別できる性能）だったため、同程度の性能の衛星なら保有できるという理屈であった。

衛星の技術的な開発については、野中官房長官を長とした「情報収集衛星推進委員会」が、衛星の運用面については「情報収集衛星運営委員会」が立ち上げられ、後者は内閣危機管理監、官房副長官補、内閣情報官、そして警察、外務、防衛、公調の日本のインテリジェンス・コミュニティのメンバーが顔を揃えた。このようにコミュニティが協力して組織を運営しようとするのは、1954年に通信傍受のための連絡協議会が立ち上がって以来、ほぼ半世紀ぶりのことだった。

運営委員会では、独自の衛星写真分析のノウハウを蓄積していた防衛庁の存在は大きく、徐々に防衛庁の発言力が増して相対的に外務省の発言力が低下する、といった事態もあった。古川官房副長官は特定の省庁に衛星の所掌を預けないよう配慮した結果、2001年4月に内閣情報調査室の下部組織として内閣衛星情報センターが設置され、その初代センター長に、防衛庁情報本部長を務めた国見昌宏が抜擢された。こうして2003年3月28日、最初の情報収集衛星が種子島宇宙センターからH－ⅡAロケットによって打ち上げられ、日本も偵察衛星保有国の一角を占めるようになったのである。日本政府は最後までこだわった国産技術によって情報収集衛星を開発し、各省庁の協力体制によって運営を行うことになった。

内閣衛星情報センターの設置は、戦後日本のインテリジェンス・コミュニティにとっての一大分岐点となったと指摘できる。なぜなら、吉田内閣以降、歴代の政権が消極的だったインテリジェンス改革が、政治主導によって行われたからである。しかも米国の反対を押しのけてまでそれが実施されたということは、永田町においてもインテリジェンスの重要性が認識されたという証左でもある。そして霞が関の各省庁にとっても、同センターの設置は、防衛庁情報本部に続き、日本のインテリジェンス・コミュニティの統合の象徴となった。

3　中央情報機構の改革

1990年代の防衛庁情報本部と内閣衛星情報センターの設置は、戦後日本のインテリジェンス・コミュニティにおいて、久々の機構改革となったが、本丸はやはり内閣の情報機能、内閣情報調査室であった。第2章、第3章で見たように、内調は1952年に設置されて以降、人員や権限はほとんど変わらず、中曽根政権時代に定期的な総理ブリーフィングが任務に加えられたものの、各省庁を束ねるという状況には程遠かったのである。また当時は主に情報収集について関心が集まっていたが、むしろ考慮すべきは収集した情報をどのように共有・集約し、分析して政策決定に活かすか、という点にあった。公安調査庁第二部長を務めた菅沼光弘は「わが国の対外インテリジェンス体制の最大の欠陥は、各省庁が情報を収集した後の段階にある。情報を集約し評価し、戦略情報として、対外政策の策定に的確に反映されるシステムが構築されていないことだ」と的確に指摘している。[31]

各省庁の情報部門から見た場合、重要な情報があればそれは秘書官などを通じて直接官邸に上げればよいだけの話であり、わざわざ内調に一旦情報を預け、内調室長から総理に報告する必要性が見当たらなかった。ただ官邸の側からすれば、各省庁からの情報が次々届けられると、総理や官房長官のデスクに大量の情報報告が無造作に積み上げられていくことになり、やはり一旦、内調で大量の情報を分析・評価・整理し、簡潔で使いやすい形に整理してから、官邸に上げるという流れが理想的であった。

他方、1991年の湾岸戦争を契機にPKO協力法が成立し、自衛隊の海外派遣が行われるようになると、従来の防衛庁の所掌を超えるため、内閣官房や官邸で安全保障政策を検討する必要性が生じていた。すでに中曽根政権時代の1986年に「安全保障会議設置法」によって内閣に安全保障会議を設置していたものの、同会議はその前身の国防会議から引き続き内閣の補助機関、つまり諮問機関に留まっており、公的には内閣の意思決定を助ける機関に過ぎなかった。[32]

これは日本国憲法第65条で定められているように、政策の決定権は閣議にあるため、安全保障会議では何も決定できないからだ。そのため、同会議の開催実績は低調なものであった。

最も低調だったのは1988年で、年間の開催実績がわずか2回（しかもそれぞれの審議時間は10分程度）、つまり88年に内閣が組織として安全保障問題に割いた時間は年間30分に満たないということだ。しかし冷戦後は日本が独自に安全保障政策を検討することが迫られ、判断するための対外情報が必要になっていた。総理や官房長官に定期的に情報ブリーフィングを行うのは内調室長の任務であり、冷戦後は内調の情報収集、分析能力に期待が寄せられた。

さらに1995年1月の阪神・淡路大震災を契機に、90年代後半から2000年代前半にかけて、内閣の情報機能が強化されることになる。96年5月には内調の下に20名程度の職員からなる内閣情報集約センターが設置され、5交代制によって24時間365日、切れ目なく情報を収集するシステムが構築された。

その後1997年12月3日に公表された行政改革最終報告においては、「国政上の重要事項について、分野、レベルを問わず、内閣としての最高かつ最終の調整の場となる」とし、情報機能については、「①「情報と政策の分離」の観点及び、②情報分析業務の専門性に照らし、内閣官房に、総合戦略を担う部門とは別に、独立かつ恒常的な組織を設ける。また、関係省庁間の情報の共有と内閣への集約、分析・評価の相互検証を進めるため、「情報コミュニティ」の考え方を確立する。このため、現在事実上開催されている「合同情報会議」を内閣官房の正式な機関として位置づけ、有効に機能し得るよう配慮する。以上の観点を踏まえ、現在の内閣情報調査室の機能・体制を強化する」とされた（「行政改革最終報告」1997年12月3日）。

そして2003年11月には、緊急事態やその可能性のある事態を認知した場合には、直ちに内調に報告することが各行政機関に義務づけられ、緊急事態における内調の存在意義が認められたのである。

1997年の行政改革最終報告を受け、99年には内閣法を改正して内閣官房の機能強化が図られている。従来の内閣官房は各省庁の政策を相互調整する機能しか与えられていなかったが、この法改正によって、能動的な企画立案や機動的かつ弾力的な総合調整を行う権限が与えられ、内閣官房は内閣の総合戦略機能を担うとともに最高かつ最終の調整機関と位置づけられたのである。さらに行政改革に伴う公安調査庁の人員削減により、その一部40名の定員が内調に移管されたことで内調本体は170人体制となり、先述したように2001年4月には内調の下に、200名以上の定員を抱える内閣衛星情報センターが設置されたことで、内調は人員的にも拡張された。そしてその組織を率いる内閣情報調査室長は20年1月に内閣情報官に格上げとなり、各省庁の事務次官や警察庁長官、統合幕僚長と同格とされた。

こうして冷戦期に存在感の薄かった内調は、冷戦後の組織・機能強化によって息を吹き返す形となった。

４　インテリジェンス改革をめぐる提言

庇護者、町村信孝

これまで見てきたように、冷戦の終結による安全保障問題への関心の向上と、内調の組織・権限強化によって、さらなる中央情報機構の改革が度々政治的な議論の俎上に上がることになる。その嚆矢は、２０００年10月に米国の対日政策に大きな影響力を持つ、リチャード・アーミテージ、ジョセフ・ナイ・ハーバード大学教授らによる「米国と日本――成熟したパートナーシップに向かって」と題した報告書であった。本報告書は「アーミテージ・レポート」として知られ、端的には冷戦後の日米同盟強化のため、日本の安全保障面における改善点を指摘したものである。

その中でインテリジェンス分野についても稿が割かれており、日米の情報共有を進めていく上で、「日本の指導者層は、機密保持のための新たな法律について国民的、政治的支持を得ることが必要である。インテリジェンス能力の改善は日本の政策決定の支援体制を改善することになるが、日本の指導者たちは自らの意思決定プロセスをも改善する必要がある。インテリジェンスの共有は日米間だけではなく、日本政府内でも行われるべきである」[33]と日本側のインテリジェンス改革の必要性を訴えた。これを受けて河野洋平・外務大臣は国会で、「アメリカ国内にあっても指折りの知日派と呼ばれる人たちが集まった研究でございますから、それなりに我々は関心を持っております」と応えている（第151回国会　衆議院　安全保障委員会　第3号　平成13年2月27日）。

さらにその後、2005年には元内調室長の大森義夫が『日本のインテリジェンス機関』を発表する。戦後初めて、内調室長経験者が公に向けて内調に関する詳細な情報を発信したものである。そして翌年に出版された元NHKワシントン支局長の手嶋龍一と佐藤優の初の対談本『インテリジェンス　武器なき戦争』が発刊2ヵ月足らずで23万部を超えるベストセラーとなり、それまで「諜報」と翻訳されてきた「インテリジェンス」という言葉が市民権を得ると、同分野が政官民で広く関心を集めることになった。

後藤田が政治家を引退して以降、日本のインテリジェンス改革に政治的推進力を与えたのは自民党の町村信孝（のぶたか）であった（図4-3）。町村は2006年10月に自民党最大派閥である清和政策研究会の領袖となり、同党政務調査会にインテリジェンス調査会を設置して、日本の情報機能強化改革に取り組んだのである。町村はあるインタビューで、「戦後、日本はこういったインテリジェンスと呼ばれる諜報関係の仕事をアンタッチャブルの世界にしてしまった。〔中略〕米英と比べて日本は「大人と子供」ほどの差があるが、だからといって、子供が子供のままでいい、というわけでもない」と語っている。[34]

２００１年に米国で発生した９・11同時多発テロの１ヵ月後、町村は自民党の「情報収集等検討チーム」の纏(まと)め役(やく)となり、有識者や各省庁の担当者からの聞き取りを行い、さらには英国を訪問して調査を実施している。英国を選んだ理由として町村は「米国のＣＩＡのような強大な組織を持つと想定することはあまりにも非現実的である。その点、米国の同盟国で、十分な情報活動の歴史を有し、さらにはテロ対策・法律の先進国であるイギリスを参考にしようと考えた」と述べている。[35]

図４－３　町村信孝（1944－2015）

英国のＭＩ６モデル

そして訪英の成果は翌年「わが国の情報能力等の強化に関する提言（第一次町村レポート）」（非公開）としてまとめられた。その要旨は、①内閣情報官の下に、経済官庁を含む関係省庁や民間人からなる合同情報委員会（仮称：英国の合同情報委員会に由来）を設置、②英国の秘密情報部（ＳＩＳ

／MI6）に準じた、独立の対外情報収集機関の設置、③国会にインテリジェンス活動監視のための情報委員会の設置、というものである。[36]

本レポートは当時の福田康夫・内閣官房長官や兼元俊徳・内閣情報官に提出されているが、町村によると当時の小泉政権は改革にそれほど熱心ではなかったという。[37] ただし当時の内調は町村の意向を受けて対外情報収集能力の強化の検討を行い、在外公館にアンテナなどの通信傍受施設を設ける案などが挙げられたが、能力や法的根拠の問題から断念している。[38]

さらに町村は外務大臣時代の2005年4月に大森義夫を座長とする「対外情報機能強化に関する懇談会」を立ち上げ、日本の対外情報機能強化に関する報告書を作成させている。当時は2003年のイラク戦争とその後のイラクにおける邦人人質事件の影響から、日本政府はどのようにして国際テロ情報や大量破壊兵器情報、海外の邦人の安否情報を収集すべきか、という問題意識が浮上している。同年9月には「対外情報機能の強化に向けて」と題した報告書が提出され、その中で秘密保全制度の整備や外務大臣の下に英国秘密情報部（MI6）を模した対外情報機関を置くのが妥当だと結論づけている。[39]

日本版MI6構想は町村や大森が従来から主張してきた構想ではあるが、英国のMI6は外務大臣の管轄下にあるものの、外務省とは全くの別組織といってもよく、予算も別枠である。しかしそのような制度設計を日本に持ち込むことはなかなか難しい。大森もその辺は理解していたようで、様々な媒体で主張してきた意見からすると、外務大臣の下に置くというのは名目上の話で、本丸は首相に直結するような対外情報機関にあったようである。[40]

いずれにしてもこの大森が座長を務めた報告書を穿った目で読むと、元警察官僚であり、内調室長を務めた大森が外務省寄りの発言をしているように映り、内調や警察からすれば「一体どこを向いて提言しているのか」という話にもなる。同時期に大森は自らの著作である『日本のインテリジェンス機関』の中でも、「内調は例外なく警察庁から長が出ている。これは固定する必要はなく、私は適任者がいれば経済産業省あたりから起用するのも時に有用だと考える」と書いている。[41] これは正論かもしれないが、やはりそれは縦割り社会が徹底していた霞が関ではなかなか理解されない。当時、兼元・内閣情報官の後任には警察ではなく、経済産業省から人事を選定するというような噂が政府内に出回っていたため、内調や警察は相当神経を尖らせていたものと推察される。

これに対して後年、同じく内閣情報官を務めた北村滋は、情報と政策の分離という基本原則から、「政策の企画立案を担う府省が我が国の対外政策、安全保障等の基本方針に関する対外情報機能をも併せて担うことは適当ではなく、当該機能は内閣に置かれる機関に留保されるべきである」と主張しており、政策官庁である外務省がインテリジェンス機能を持つことに疑問を投げかけている。[42]

しかしその後も町村は歩みを止めなかった。報告書の公表から3ヵ月後、町村は外務大臣から外れたのを契機に、今度は自民党に「国家の情報機能強化に関する検討チーム」を立ち上げ、新たな提言書の作成に取り掛かったのである。同チームは2006年6月22日に「国家の情報機能強化に関する提言」（第二次町村レポート）を発表し、①内閣の情報集約・総合分析機能の強化、②内閣直轄の情報機関の設置による対外情報機能の強化、③情報共有の促進・情報コミュニティの緊密化と秘密保持、④国会への情報委員会の設置、といった項目についての改革をバランスよく提言している。

それまでの様々な提言が情報収集に焦点を当てていたのに対して、本レポートは、各組織間の情報共有やインテリジェンス活動の監視についても言及している点で、卓越していたと評価できる。対外情報機関については外務省ではなく、内閣情報衛星センターのように内閣直轄とする案であり、それまであまり顧みられなかった収集した情報の分析という点についても現実的な案を提示している。

本レポートには、内閣情報官を内閣官房副長官と同格にすべきという指摘も見られる。これは内閣情報官が各省庁の次官級に留まっている限りは、各省庁に対する情報集約の権限があまり効かず、特に親元の警察庁では警察庁長官のほうが格上と見られていたため、いくら情報官が声を上げても各省庁からの情報が集まらない、という問題がこの時代にも存在していたためだ。さらに内閣情報官は内調のトップであると同時に、内閣官房長官や官房副長官に仕える身でもあり、内閣官房のスタッフ的な役割もこなさないといけない。つまり情報官は課長から次官までのすべての仕事を一手に引き受けるようなもので、その職務は多忙を極める。その割に、情報官は各省庁に対する情報の調整権限を与えられないままであった。

そのため情報官の身分を一気に引き上げようと画策したのが本レポートだが、内閣情報官は先述のように2001年に格上げされたばかりであり、また官房副長官級となると、行政官である官僚が到達できる最も上位の職位となるため、内閣情報官が警察庁長官よりも格上扱いになってしまい、これは当時の警察としては受け入れられない話になる。なぜなら慣例として、警察庁長官は内閣情報官よりも年次が上の者が就くことが定着していたため、情報官が長官の上では年次が逆転してしまうからだ。しかし本提言は、各省庁間で紛糾しそうな対外情報機関の設置と情報官の格上げ以外については現実的な処方箋であり、報告書の内容は形を変えて生き残ることになる。

さらにこの時期、民間のシンクタンクからも提言書が発表されている。第二次町村レポートが発表される3日前に、ＰＨＰ総合研究所の「日本のインテリジェンス体制の変革」研究会が「日本のインテリジェンス体制——変革へのロードマップ」（ロードマップ）を公表し、日本のインテリジェンス体制の改革を訴えている。これはＰＨＰ総研の金子将史、国立情報学研究所の北岡元（当時、外務省から出向中）、東京工科大学の落合浩太郎、防衛庁防衛研究所（当時）の筆者らによるもので、2005年9月から半年をかけて各省庁の担当者からの意見聴取を行い、提言書としてまとめたものである。

本ロードマップの特徴は、早急に行うべき改革と、状況を見ながら中長期的に実現していく改革を分けて提言している点である。前者は、①内閣官房の合同情報会議の下に評価スタッフを置き、各省庁の優秀な人材による情報評価ドラフトの作成、②情報担当者間での人事交流や共通のネットワークの構築を通じた情報共有の促進、③情報保全体制の確立等があり、後者は対外情報機関の設置や秘密保護法制の制定等を挙げている。こちらも現実的でバランスの取れた提言であった。

第一次安倍政権の「予言の書」

その後2006年12月、第一次安倍晋三内閣は、塩崎恭久・内閣官房長官を長とする「情報機能強化検討会議」を設置し、政府として日本のインテリジェンス機能の強化に着手した。同会議の事務局は内調に置かれ、そこで検討会議の議論に加え、外務省の「対外情報機能の強化に向けて」、自民党の「第二次町村レポート」、そしてPHPの「ロードマップ」を最大公約数的に取り込む形で提言が練られた。

翌年2月28日には中間報告的な位置づけの「官邸における情報機能の強化の基本的な考え方」が発表され、さらに福田康夫内閣時の2008年2月14日には最終報告書として「官邸における情報機能の強化の方針」（方針）が公表された。本「方針」は、戦後日本のインテリジェンス史において、最も重要な文書の一つであるといってもよい。なぜなら同文書は、日本政府が公式にインテリジェンス強化の方針について定めた初めてのものであり、その後の政府によるインテリジェンス改革は「方針」に基づいている上、ほとんどの提言内容が実現しているからである。今から振り返ってみると、予言の書といっても良いような内容となっているため、少し具体的に見てみよう。

「方針」は大きく3分野から成り立っており、それぞれ、①情報収集機能強化、②情報集約・共有体制の強化、③情報保全体制の強化、となっている。まず情報収集機能の強化としては、政策と情報の分離という原則が謳われ、対外人的情報収集機能の強化、情報収集衛星の拡充、各省庁の情報収集体制の強化が目標に掲げられている。ここで述べられている対外人的情報収集機能は、2015年12月に国際テロ情報収集ユニット（CTU－J）として結実し、当時、4機体制の維持が目標とされた情報収集衛星も8機体制にまで拡充されている。

次に収集した情報を集約、共有、分析することの重要性が述べられている。それまで内調、警察庁、外務省、防衛省、公安調査庁に限定されてきた情報コミュニティを拡大し、財務省、金融庁、経済産業省、海上保安庁等を加えた「拡大情報コミュニティ」の概念が提示され、なるべく多くの省庁の情報を内閣に集約し、共有する方針が掲げられている。情報の集約機能については、内調が主催する合同情報会議のために各省庁からリエゾン（仲介）を内調に派遣し、つねに官邸の情報関心を把握し、適切な情報を上げること、さらに集約された情報を分析するための情報分析官を内調に置くことを提言している。これを受けて２００８年４月には「特定の地域又は分野に関する特に高度な分析に従事する」内閣情報分析官と、それを補佐する内閣情報分析専門官のポストが内調に設けられた。

各省庁の情報共有については、戦後初となるセキュリティ・クリアランス制度（秘密取扱資格）となる秘密取扱者適格性確認制度の導入が掲げられ、各省庁が共通の資格で一部の秘密を取り扱うことを目指した。また各省庁に共通のイントラネットの整備や、各省庁の情報担当者を集めて合同研修を行う制度によって、担当者間の人的交流を進めることも提言している。そして秘密保全制度についても、政府統一の秘密基準の導入と、それを扱うためのセキュリティ・クリアランス制度、将来的な秘密保全法制の導入等が課題として挙げられている。

この「方針」内で実現性が難しかった課題は、やはり対外人的情報収集機能の強化と秘密保護法制の導入であった。２００９年３月の段階においても、当時の内調次長、岸野博之は国会において「情報機能強化の方針で盛り込まれた事項のうち、二つほど宿題が残っております。第一点目が対外人的情報収集機能の強化でございます。二点目が秘密保全に係る法制の在り方でございます」と答えている（第171回国会　参議院　内閣委員会　第2号　平成21年3月17日）。内調にとってこの二つの課題が大きかったことを示唆しており、その実現にはさらなる政治的原動力が必要であった。

他方、日本国内の外国勢力を取り締まる防諜（カウンター・インテリジェンス）についても、2006年12月に塩崎官房長官を長とする「カウンターインテリジェンス推進会議」が設置され、翌年8月9日に「カウンターインテリジェンス機能の強化に関する基本方針」が公表されている。その骨子は、防諜の司令塔として、内閣情報調査室にカウンターインテリジェンス・センターを設置し、各省庁の秘密保全の共通基準である衛星秘密や特別管理秘密を管理するとしている。

その後2013年4月には自民党の河野太郎、民主党の馬淵澄夫、みんなの党の山内康一という超党派議員による提言「日本型「スパイ機関」のつくり方」が『中央公論』誌上で発表されている。その問題意識はやはり内調の「方針」で実現されなかった諸課題についてであり、「身の丈に合った対外インテリジェンス機関」として、人員500名、予算200億円程度の専門組織の設置と秘密保全体制の確立、そして国会での監視制度の整備についてかなり具体的に提言されている。[43] この提言書から見えてくるのは、日本のインテリジェンス体制改革への関心は時の政権だけでなく、広く政治家レベルでも共有されていたということであろう。そしてこのような関心の共有によって、第二次安倍政権下におけるインテリジェンスの諸改革が進むことになるのである。

5　冷戦後の機密漏洩事件

秘密保全体制の弱さ

日本政府内における秘密保全体制の未整備は、日本国内だけの問題ではなく、日米関係にも影を落としていた。米国は戦後日本の秘密保護法制に問題があることを認識しているため、重要な情報が日米間で事前に共有されないということが過去、何度も生じた。例えば、第3章で触れた大韓航空機撃墜事件において、ジョージ・シュルツ米国務長官がテレビ会見を行う旨を日本側に通告したのはその「1時間前」であり、2006年10月の米朝中協議の内容について、米国が日本側へ通告したのは公式発表の「二時間前」といった具合に、[44] 米側の日本への不信感が見て取れよう。

北村滋は2000年代を振り返り、「米国側の疑念は我が国から見ている以上に大きかった」と回想している。[45] そしてこのような不信感は単なる懸念から生じていたものではなく、実際に日本政府から情報は漏れていたのである。例えば1996年6月に中国が地下核実験を行った際、米国は偵察衛星によって得た機密情報を日本側に提供したが、この情報はリークされ、マスコミに取り上げられている。[46] さらに2001年9月には田中眞紀子・外務大臣が、米国での同時多発テロの際、米国務省の臨時避難先について記者団に明かしており、内外から問題視された。[47] そもそも米国は通信傍受によって日本やロシア、中国がどのような情報を得ていたかをおおむね把握していたため、米国が日本に提供した情報が中露に漏洩していた、というようなケースを密かに察知していた可能性も考えられる。

このように日本側の秘密保全体制の弱さは米国側も懸念しており、先述した「アーミテージ・レポート」内でも、「日本の政治指導者は、機密保持のための新たな法律について国民的、政治的支持を得ることが必要だ」と提言していた。[48] だが現実として、秘密保全の重要性は認識されていたものの、1980年代のスパイ防止法の頓挫はこの時代にも尾を引いており、法整備や対策はあまり進展していない。そのため冷戦後も機密漏洩事件は多発している。

2000年9月には当時、防衛庁防衛研究所に所属していた海上自衛隊の萩崎繁博(しげひろ)三佐が、ロシアの駐日ロシア大使館付海軍武官のビクトル・ボガチョンコフ海軍大佐に部内情報を提供していた事件が発覚し、警視庁と神奈川県警の合同捜査本部に逮捕されている。萩崎は自衛隊法違反によって懲役10ヵ月の刑が確定し、ボガチョンコフは直ちにロシアへ帰国した。この事件は、冷戦後も防衛庁・自衛隊の秘密保全体制が冷戦時代からほとんど変わっていないことを白日の下に晒したのである。

そのため、防衛庁は自衛隊法を改正することにより、秘密保全の体制強化に着手することになった。それまでの自衛隊法は国家公務員法に準じて、「職務上知ることのできた秘密を漏洩させた場合には、1年以下の懲役、又は3万円以下の罰金。未遂犯・過失犯は処罰せず（国外犯は処罰せず）」というもので、何が防衛庁・自衛隊の機密にあたるのか明確に定義されず、さらに罰則規定もきわめて軽微なものだった。

そのため2001年11月に施行された自衛隊法の第96条の2では、防衛秘密を「自衛隊についての別表第四に掲げる事項であって、公になっていないもののうち、我が国の防衛上特に秘匿することが必要であるもの」と定め、さらに別表によって具体的な項目を列挙している。そして防衛秘密を漏洩させた者に対しては、「5年以下の懲役。未遂犯・過失犯（過失漏洩は1年以下の禁錮又は3万以下の罰金）、国外犯も処罰」という罰則規定が定められ、情報漏洩に対する罰則規定が強化された。ただし本規定の対象者は防衛庁・自衛隊の職員と防衛庁との契約業者のみに留まっており、仮に他省庁の職員が防衛秘密を漏洩させたとしても、それは国家公務員法の適用となる。

防衛庁・自衛隊の情報漏洩

さらに2003年3月には自衛隊の情報保全能力を高めるため、それまで陸海空の現場レベルで個別に運用されていた調査隊を統合し、防衛庁長官直轄部隊として陸海空の情報保全隊が新編された（定員は陸自が668名、海自が103名、空自が156名）[49]。情報保全隊は外部組織から自衛官への接触や部内からの情報漏洩を防ぐことが主務であり、状況に応じて、在京外国大使館の情報要員の監視も行うことから、自衛隊の防諜部局として機能している。自衛隊員にセキュリティ・クリアランスを付与するための身辺調査を行うのも情報保全隊の役割である。しかし2007年6月6日には日本共産党の志位和夫委員長が陸上自衛隊の情報保全隊の部内資料を入手して記者会見を行ったことで、同隊が自衛隊イラク派遣の反対集会やデモの様子、つまり自衛隊員ではない一般国民の監視を行っていたことが明るみに出た[50]。

保全隊の部内資料が外部に漏洩したことは、自衛隊の情報保全能力にいまだ問題があることを示唆するものであったが、それ以上に、野党や世論は国民が監視されているという点を問題視したのである。久間章生（きゅうまふみお）・防衛大臣の国会答弁によると、防衛秘密の罰則規定は民間人である契約業者にも及ぶため、保全隊が民間人を監視することも問題はないというものであった。[51]ただ漏洩文書は契約業者とは関係のない民間人を監視した記録であったため、報道機関等からの批判を受けることになる。そのためこの事件をきっかけとして陸海空の保全隊はさらに統合され、2009年8月1日に自衛隊常設の統合部隊として、自衛隊情報保全隊に改編された。なお、自衛隊情報保全隊は逮捕権を有しておらず、その必要があれば陸海空の警務隊がその任にあたることになる。

しかし防衛庁・自衛隊の保全体制が強化されたにもかかわらず、その後も情報漏洩事案は続く。2002年には駐日ロシア通商代表部員が、元航空自衛官に米国製戦闘機用ミサイル等の資料を要求したシェルコノゴフ事件が生じ、その翌年には元自衛官が駐日中国大使館駐在武官に防衛関連資料を提供した国防協会事件が生じている。

さらに2005年5月31日には『読売新聞』が「中国の潜水艦、火災か　南シナ海を海南島に向け曳航　日米が監視」との記事を掲載したが、これは防衛庁内からの情報提供をもとにした記事であった。2007年2月には情報源である、当時情報本部所属の航空自衛隊一佐宅に警務隊が家宅捜査に入り、2008年3月に東京地裁に書類送検された。本件は口頭によるマスコミへの情報提供という形ではあったが、米軍も関わる事案のため、警務隊としては厳格に対処する方針を取ったものと推察される。自衛隊法が改正されてからの初の漏洩事件となった本件で、同一佐は懲戒免職処分とされたため、最終的には不起訴処分となった。

イージス艦情報漏洩事件

そして当時、日米間の最大の懸案になったのが、2007年に生じたイージス艦情報漏洩事件である。本件は護衛艦「しらね」乗組員の松内純隆三佐が、米海軍の機密であるイージスシステムに関わる情報を私用の可搬記憶媒体にコピーし、それを教育目的で海自第1術科学校の教官自衛官に提供、さらにそこから他の海上自衛官に情報が拡散した事案である。

事の発端は、2007年1月に出入国管理法違反容疑で拘束された中国籍の女性のハードディスクにイージス艦情報が記録されていたことであった。女性の夫は海上自衛隊員であったが、イージス艦情報にアクセスできる立場ではなかったため、海自内での情報漏洩が疑われた。やがて漏洩元が松内三佐であることが確認され、同年12月13日に神奈川県警は、日米相互防衛援助協定等に伴う秘密保護法（MDA秘密保護法）違反容疑で同三佐を逮捕している。イージス艦情報は米軍の機密であるため、セキュリティ・クリアランスを有した自衛官によって厳格に取り扱われる必要性があったが、この一件ではそれらの規則が守られていないことが明らかとなった。

しかし、事が米軍の機密に関わる安全保障上の問題であったにもかかわらず、警察が国内の刑事事件としてこれを処理しようとしたことで、日米間の懸案となる。ここで米軍が危惧したのは、クリアランスを有していない警察の捜査員や検察官が、証拠となるイージス艦情報にアクセスすることであった。さらに日本では憲法第82条で裁判の公開の原則が定められており、本件の審議において、米軍の機密であるイージス艦情報が公開裁判の場で提示される恐れも出てきた。そのため裁判では1980年の宮永事件で行われた外形立証という方法が採られ、イージス艦情報を証拠品として公に晒すことは回避されている。このように本件では米国への配慮から、厳格な対処とイージス艦情報の秘匿の方針が貫かれたのである。

2008年10月の横浜地裁判決は「防衛秘密を業務として扱う者として、わきまえるべき保全意識が欠けていた。高度に軍事機密性が高いイージスシステムの秘密が第三国に渡れば、日本の安全を害する恐れもあった」と指摘し、2011年3月に最高裁が被告の上告を棄却する形で、懲役2年6ヵ月、執行猶予4年の有罪が確定している。この一件は戦後初めて、MDA秘密保護法違反によって刑が確定した事案ともなった。

この時期には自衛官以外の情報漏洩事案も生じている。2004年5月には在上海日本総領事館で外交電報事務を行っていた外務省の通信担当官が、中国当局から脅迫され、領事館の暗号システムを提供するよう強要された事件が生じた。同事務官は5月6日に領事館内で自殺しており、情報漏洩を防ぐだけでなく、在外公館において情報に関わる日本の国家公務員をどのように防衛するのかという課題が残されたのである。本件は外務省、内調によって調査され、報告書が作成されているが、首相まで上げられなかったようで、２００５年12月に『週刊文春』がその実態を報じるまで本件が表沙汰になることはなかった。

また２００７年12月には内調傘下の内閣衛星情報センターに勤務する事務官が、リモノフ・駐日ロシア大使館一等書記官とその後任のグリベンコ、そしてベラノフ二等書記官らに、現金と引き換えに内調の部内情報を提供していたことが発覚している。12月9日、同事務官はベラノフと会う予定だった川崎市内のレストランにて警視庁公安部に逮捕されている。ベラノフはすでにロシアに帰国した後だった。

この時、内調と警察の間で、果たして漏洩した文書が機密にあたるのかという議論が交わされたが、最終的に文書は機密にあたるという警察の意見が通り、２００８年1月24日、国家公務員法の守秘義務違反という形で事務官は書類送検されている。ただし東京地検は漏洩した機密の重要性が低かったと判断し、同事務官は起訴猶予処分となった。

しかしながら現役の内調職員が情報漏洩の廉（かど）で逮捕されたこと、そしてロシア側が事前に警察の動きを察知して帰国したことは、内調に衝撃を与えたのではないかと想像される。その後の部内資料では本事案について、「この種事案の検挙が必ずしも容易でない〔中略〕外国情報機関等への情報漏えいの脅威は依然として高いレベルで存在する」と評している（内閣官房「特別秘密の保護に関する法律案」）。

まとめ

冷戦の終結と1990年代に生じた、阪神・淡路大震災やオウム事件、北朝鮮のミサイル実験といった出来事によって、日本政府はインテリジェンス体制の改革を意識するようになり、自らの政策や危機管理のために必要な情報収集能力の整備を行った。

その具体的な方策は、小規模で四散していたインテリジェンス組織を各省庁レベルで統合し、政府の政策決定や危機管理に寄与するような組織を創設するというものである。そのような問題意識は現場だけではなく、政治家レベルでも意識されていたため、90年代から2000年代にかけて、政治的な推進力を持って様々な改革が成し遂げられた。例えばそれらは防衛庁情報本部創設における後藤田正晴、内閣衛星情報センター創設における中山太郎や野中広務、中央情報機構改革における町村信孝、といった具合である。逆に有力な政治的援護を得られなかった公安調査庁は、組織改革に苦慮することとなる。

また2000年代には日本のインテリジェンス改革に関わる多くの提言書が発表され、それらは政府によるインテリジェンス改革の指針となったのである。そして同時代にインテリジェンスに関する書籍が出版され、世間の関心をある程度集めたことも大きいだろう。このような時代の流れの中で、町村が熱意を持ってインテリジェンスの改革に着手し、そして後に総理となる安倍晋三がそれを受け継ぐ形で、日本のインテリジェンス・コミュニティの改革が前に進むことになる。

第5章

第二次安倍政権時代の改革

1　特定秘密保護法

政官トライアングルの再来

2012年12月に成立した第二次安倍晋三（図5-1）政権では、インテリジェンス分野の改革が多く実施された。先述したように2008年の「官邸における情報機能の強化の方針」で提言された秘密保護法制定と対外情報機関設置の構想は課題として残されていたが、この時期に特定秘密保護法と国際テロ情報収集ユニット（CTU-J）として結実することになる。

またインテリジェンス・コミュニティに情報提供を求める、国家安全保障会議（NSC）とその事務局である国家安全保障局（NSS）が設置されたことで、内閣における外交安全保障政策の策定とインテリジェンス機能は大幅に改善された。インテリジェンスを掌る内調と、政策を掌るNSC／NSSが連携することで、内調のインテリジェンス・コミュニティに対する求心力が高まったと評価できる。さらに情報共有のインフラとしての特定秘密保護法の制定も大きかった。これによってインテリジェンス・コミュニティやNSC／NSSという「場」において、機微情報が必要に応じて共有されるようになり、政府の政策策定や危機管理が効率的に機能し始めることになる。

そしてこの時代、官邸官僚と呼ばれる各省庁からの出向者が、官邸の政治的意向を行政に反映していった点も指摘できる。インテリジェンスの分野においては杉田和博・内閣官房副長官の下で、谷内正太郎・国家安全保障局長（図5－2）や北村滋・内閣情報官（図5－3）らが協力して改革を進めることになる。北村情報官は、安倍晋三総理や町村信孝議員の政治的意向を実現するべく奔走しており、このようなインテリジェンス改革をめぐる政官の協力は、まさに1950年代の吉田政権での吉田総理、緒方官房長官、村井調査室長のトライアングルを彷彿とさせるものである（第2章）。

図5－1　**安倍晋三**（1954－2022）

戦前、戦後日本のインテリジェンスの通史を初めて描いたリチャード・サミュエルズ『特務』や、戦後日本のインテリジェンスを検証したブラッド・ウィリアムズ"Japanese Foreign Intelligence and Grand Strategy"ではほとんど言及されていないが、北村は第二次安倍政権におけるインテリジェンス・コミュニティの中心人物であり、政権のインテリジェンス改革を官の側から支え続けた。元外務官僚で、内閣官房副長官補や国家安全保障局次長を務めた兼原信克は、安倍政権における特定秘密保護法の制定について、「北村滋内閣情報官（当時）が不退転の決意で実現した法制である」と説明している。[1]

外事警察のキャリアを持つ北村は、警察においてもインテリジェンスの第一人者として一目置かれていた。２０１１年から8年近くもの長きにわたって内閣情報官を務め、その間に内調を中央情報機関として定着させ、さらには安倍政権の政治的原動力を活用し、数々のインテリジェンス改革を断行した人物である。そして8年にわたる任官によって必然的に年次が上がり、従来は内閣情報官よりも年次が上であった警察庁長官や同じ内閣官房の内閣危機管理監を追い越すことになる。つまりこの時期、内閣情報官が警察庁長官や危機管理監よりも年次が上になるという副次的現象が生じ、存在感が増したとも解釈できるのだ。

総理と内閣情報官の個人的紐帯（ちゅうたい）の確立に加え、町村の要望に応える形で、与党に対する内調のブリーフィング頻度が増加したことも、その地位向上を促した。もちろんそれまでの合同情報会議・内閣情報会議の設置や、内閣官房の機能強化、内閣情報官の格上げ、といった制度的な改革が下敷きとなっていたことはいうまでもないが、北村情報官の時代の内閣情報調査室は、政治的な後ろ盾を得られたことと、同じ内閣官房に新設された国家安全保障局（NSS）と連携することで、そのような制度を使いこなすことができるようになった点が特徴である。

北村は安倍の要望に応える形で、それまで週1度だった内閣情報官による総理ブリーフィングを週に2度とし、うち1度はインテリジェンス・コミュニティを構成する、警察庁警備局、防衛省情報本部、外務省統括官組織、公安調査庁、内閣情報衛星センター等、それぞれの担当者が直接総理にブリーフィングを実施する形式を取った。

図5－2　谷内正太郎（1944－）

この各省庁による総理ブリーフィングのために、定期的に内閣情報官が中心となって各省庁の情報担当者と会合を持ち、各省庁がどのような情報を総理に報告するのかを調整していたという。各省庁からすれば、それまでは内調に情報を上げ、それを間接的に総理に報告してもらう、という形だったものが、直接総理に報告する機会が与えられることによって、ブリーフィングに対する責任感が生じるとともに、インテリジェンス・コミュニティの一員であるという自覚も芽生えた。

そしてその副産物として、各省庁が内調に情報を出し惜しみするということも減ったようだ。それまで建前上、インテリジェンス・コミュニティを構成する各組織は、内調が主催する隔週開催（当時）の合同情報会議にそれぞれの情報を上げることになっていた。しかし省庁によっては他省庁に情報を知られることを嫌って最低限の情報しか出さない、というようなこともあった。さらに総理秘書官を持つ官庁であれば、内調の頭越しに首相に情報を上げることも珍しくない。ある情報関係者は、「公安調査庁はほぼすべての情報を内調が主催する合同情報会議に提供しているが、他省庁はそうでもないようだ」と語る。

図５－３　**北村滋**（1956－）

しかし内閣情報官が各省庁の首相ブリーフィングまで仕切るようになれば、流石（さすが）にそこで出し惜しみはできなくなり、後で首相のところに情報をこっそり上げても内閣情報官の知るところとなり不興を買う、といったことにもなりかねない。北村は、外交安全保障、公安分野に関する限り、自分が知らない内に他省庁から総理に情報が上がっていたことはないだろうと語っている。[2]

また諸外国からも北村は安倍政権におけるインテリジェンスのキーパーソンとして認知されており、内閣情報官時代には米国を始めとする多くの国の情報機関が、東アジア情勢について北村を頼ったようである。その証として、退官後の２０２２年１月には豪州政府から日本人初となるインテリジェンス功労賞（Australian Intelligence Medal）が授与されている。

民主党政権による検討

特定秘密保護法に連なる秘密保全制度改革の源流は、先述した２００８年の「官邸における情報機能の強化の方針」にある。ここで秘密保全については「現在の我が国の秘密保全に関する法令は、個別法によって差異が大きく、国家公務員法等の守秘義務規定に係る罰則の懲役刑は1年以下とされておりその抑止力が必ずしも十分でないなどの問題がある。〔中略〕具体的な法整備に関しては、各種の場における議論にも留意しながら、国民の広範な理解を得ることを前提として、適切な対応をしていくことが必要である」と記されている。[3]

この方針を受けて２００８年４月、福田康夫内閣において「秘密保全法制の在り方に関する検討チーム」が内閣に設置され、さらに翌年７月には麻生太郎内閣の下に「情報保全の在り方に関する有識者会議」が開催されているが、その後、同分野の議論はそれほど進展しなかった。

他方、２００４年に情報収集衛星の画像情報を秘匿するための「衛星秘密」、２００９年には外交・安全保障に関わる情報を秘匿する「特別管理秘密」が導入されている。しかしこれらも、漏洩の際の罰則規定は先述の国家公務員法の守秘義務違反しかなく、情報漏洩に対する抑止が十分効いていない状況が長らく続いていた。

２０１０年10月29日には、警視庁公安部の部内情報１１４点がインターネット上に流出するという前代未聞の情報漏洩事案が発生している。流出した情報は警察の情報提供者となっていた在日ムスリム系住人のデータやその銀行口座、２００８年7月の北海道洞爺湖サミットの警備計画、さらには警察庁の国際テロリズム緊急展開班（ＴＲＴ－２）の個人名簿等、多くの部内情報が公の目に晒された。その後、12月24日に警視庁は流出の事実を認めたものの、流出させた人物を特定することはできなかったようである。２０１３年8月に東京地方検察庁は、地方公務員、つまり警視庁の職員による犯行と断定しており、これは部内の関係者が何らかの目的で情報を流出させたことを示唆しているが、現在に至るまで事の真相は明らかになっていない。

さらに同年11月4日には、海上保安庁の巡視船と中国漁船との衝突を撮影した動画が、YouTubeのサイトで公開されるという事案が生じた。この時問題になったのは、本件が機密漏洩にあたるかどうかという点である。当初、動画は海保内においては秘密に指定されておらず、誰にでも部内からアクセス可能な状態となっていた。そのため、当時海上保安庁の三等海上保安正であった一色正春が職場からダウンロードすることができたのである。動画の内容は巡視船と漁船が衝突したシーンで、それほど秘匿性の高いものとはいえず、産経新聞による世論調査でも98％が映像を国民に公開すべきと回答していた。[4]

当時の朝日新聞の社説は、「流出したビデオを単なる捜査資料と考えるのは誤りだ。その取り扱いは、日中外交や内政の行方を左右しかねない高度に政治的な案件である。それが政府の意に反し、誰でも容易に視聴できる形でネットに流れたことには驚くほかない。〔中略〕仮に非公開の方針に批判的な捜査機関の何者かが流出させたのだとしたら、政府や国会の意思に反する行為であり、許されない」として厳格な対処を求めていたように（「（社説）尖閣ビデオ流出　冷徹、慎重に対処せよ」『朝日新聞』２０１０年11月６日）、報道機関はおおむね日本政府の情報管理に対する甘さを指摘していた。そして11月13日には法務省が、映像は秘密にあたるという見解を示したため、12月22日に警視庁が国家公務員法の守秘義務違反で保安官を書類送検している（２０１１年１月に起訴猶予）。

警視庁や海上保安庁の情報流出事案を受け、２０１０年12月から翌年10月にかけて、民主党の仙谷由人（せんごくよしと）・内閣官房長官を委員長とし、内閣官房や関係各省庁の担当者を集めた「政府における情報保全に関する検討委員会」が開催されている。ここでは情報保全の徹底のための、秘密保護法制や保全システムの構築について議論が交わされた。さらに2011年1月4日には仙谷の下に「秘密保全のための法制の在り方に関する有識者会議」を立ち上げている。

本会議は2011年8月8日に最終報告書を菅直人総理に提出した。本報告書では、国の安全、外交、公共の安全及び秩序の維持に関わり、秘匿すべき事項を便宜的に「特別秘密」と呼び、これを国家公務員が漏洩した場合には、新規立法措置によって、最高で懲役10年の罰則規定を設ける、というものである。[5]こうして当時の民主党政権によって、秘密保護法の先鞭がつけられることとなった。

自民党政権による制定

2012年12月26日に第二次安倍内閣が発足すると、安倍晋三総理自ら秘密保護法制の整備に意欲的な姿勢を見せるようになる。翌年4月16日、安倍は国会で以下のように発言している。

> 秘密保護法制については、これは私は極めて重要な課題だと思っております。海外との

情報共有を進めていく、これは、海外とのインテリジェンスコミュニティー（マママ）の中において日本はさまざまな情報を手に入れているわけでございますし、また、日米の同盟関係の中においても高度な情報が入ってくるわけでございますが、日本側に、やはり秘密保全に関する法制を整備していないということについて不安を持っている国もあることは事実でございます。（第183回国会　衆議院　予算委員会　第23号　平成25年4月16日）

この発言から安倍が、日米間の情報共有の必要性から秘密保護法制を推進しようとしていたことが理解できる。これまで見てきたように、米国は日本側の秘密保全体制をあまり信用しておらず、その改善を訴えてきたことも事実だ。北村は、米国だけでなく、G7諸国も日本の機密保全に対する懸念が根強く、米国から何度も改善を求められていたと回想している。[6]

日米間では先述したMDA秘密保護法と2007年に締結された軍事情報包括保護協定（GSOMIA）の制度があったものの、これらは軍事情報に限定されており、外交やテロに関わる情報については想定されていなかった。また当時は秘密保護法制と並行して、先述の国家安全保障会議（NSC）とその事務局である国家安全保障局（NSS）の設置が検討されていたことも大きい。国家安全保障局では外務、防衛を始めとする各省庁の行政官が勤務することになっており、そこでは情報共有の必要性があった。例えば外務省における機密漏洩の罰則は国家公務員法で規定されるのみであったが、防衛省・自衛隊は２００１年の改正自衛隊法に基づいて機密を運用しており、意図的な漏洩の場合には5年以下の懲役という比較的重い罰則規定が設けられていた。そのため、各省庁の機密に対する罰則規定や認識が異なる現状では、ＮＳＳでの業務にも支障をきたすことが想定された。

２０１３年8月には自民党で町村信孝を座長とする「党インテリジェンス・秘密保全等検討プロジェクトチーム」が立ち上がり、内調を事務局として法案の作成が行われた。ただし自民党も一枚岩ではなく、法案に反対する声も多く聞かれたという。そういった議員に法案の必要性を説明して回ったのが北村であった。そして10月25日には「特定秘密の保護に関する法律案」が閣議決定され、同法案は翌月から衆議院「国家安全保障に関する特別委員会」で審議が開始されている（所管は森まさこ内閣府特命担当大臣）。

野党民主党は菅政権時代に検討を開始した事情から、法案の意義そのものは認めつつも、同法案が特定有害活動、つまり公安情報をも対象としていること、そして国家公務員だけではなく、取材を行うジャーナリストも共謀罪の対象にすることから、表現や報道の自由の侵害を懸念していた。そのため11月19日には民主党から対案として「特別安全保障秘密適正管理法案」が提出されている。本法案は法律の対象を安全保障と国際テロ（国内テロは除外）分野に限定すること、罰則規定の軽減（懲役5年）、ジャーナリストの取材など情報取得行為を対象としないもので、自民党案に比べると穏健な内容となっている。[7]

また同日、民主党は政府による秘密保護が適正に行われているかチェックするため、国会に監視組織を置くという情報適正管理委員会設置法案も提出している。これを受けて与党も12項目にわたる法案の修正に応じ、12月6日に「特定秘密の保護に関する法律（特定秘密保護法）」が成立した。また本法案附則第10条「国会に対する特定秘密の提供及び国会におけるその保護措置の在り方」に基づき、2014年6月に国会法の一部（第102条13－21）が改正され、両院で情報監視審査会を規定するための情報監視審査会規程が議決された。これを受けて同年12月10日には特定秘密の運用状況を監視するための情報監視審査会と、内閣府に特定秘密の指定状況を監査するための大臣官房独立公文書管理監が設置されている。

特定秘密とは何か

戦後日本において、秘密保護法制議論の際につねに問題となってきたのが、「何を機密と規定するのか」という問題である。戦前の国防保安法においては、国家機密を「国防上外国に対し秘匿することを要する外交、財政、経済その他に関する重要なる国務に係る事項」（「国防保安法・御署名原本」昭和十六年・法律第四九号）としており、当時から規定の曖昧さは指摘されていた。戦後の国家公務員法の守秘義務についても「職務上知ることのできた秘密」（第100条）としか定義されておらず、機密の定義に関する曖昧な状況は続いていた。そのため各省庁の部内においては、とにかく安全のため秘密の幅を多めに取る、つまりあやふやなものはすべて秘密に指定するという運用であった。

国家機密の定義を最初からあまり細かく規定すると、何を機密に指定しているのか外から類推することが可能となるし、また事後に新たな分野の機密が出てきた場合、それを機密に指定することが難しくなる。規定が曖昧だと、機密の数が膨大になる上、国民に不安を与えかねない。そのためある程度の幅を持たせつつ、かつ国民に不安を与えないような規定の仕方が問題となったのである。

特定秘密保護法においては、国家の機密を①防衛に関する事項、②外交に関する事項、③特定有害活動の防止に関する事項、④テロリズムの防止に関する事項、と定め、それぞれの項目にはさらに詳細な細目が提示されている。[8] 防衛に関する事項は防衛秘密からの援用であるが、それ以外の項目は特定秘密保護法で初めて定義づけられたものである。特徴的なのは特定有害活動の防止に関する事項であり、これは日本の秘密取得を企てる外国政府機関の活動に対するものである。特定秘密保護法によって、日本国内におけるスパイ活動の調査記録や、外国勢力が狙う情報を特定秘密に指定することによって、外国への機密漏洩を事前に抑止しようとする狙いである。

この点について憲法学者の長谷部恭男・東京大学教授は、「どういうものが指定の対象になるかについては、別表等で基本的な、私はかなり具体的と言っていいのではないかと思っております」と国会で発言しており、機密の指定対象についてはおおむね理解を示している（第１８５回国会　衆議院　国家安全保障に関する特別委員会　第12号　平成25年11月13日）。

右の四つの細目は別表と呼ばれ、特定秘密指定要件として「別表該当性」と表現される。これに世間に情報が出回っていないという「非公知性」と、「特段の秘匿の必要性」を加えたものが、特定秘密の指定３条件とされる。そのため３条件を満たすのであれば、各省庁のみならず、国家安全保障会議の四大臣会合の議事録結論部分なども、特定秘密に指定することができる。[9]

逆に３条件の内、非公知性の要件が崩れれば、行政機関は速やかに特定秘密を解除することが求められる。その一例として、２０１７年には外務省が３件、防衛省が６件の特定秘密の指定を解除し、さらに内閣官房が１件、警察庁が１件、外務省が１件、防衛省が２件の特定秘密の一部を解除している。[10]

さらに後述する独立公文書管理監から行政の長に働きかけ、特定秘密の指定を解除するということも将来的には想定される。例えば日米同盟に関わる秘密事項を日本側が特定秘密に指定したとしても、米側がそれを公開情報として開示する、もしくは内部通報者による情報を報道機関が報じれば公知となるため、その場合は特定秘密の指定が解除される可能性が生じるのである。ただこの部分は解釈と運用についてやや曖昧さが残されており、もし公知性を厳格に運用するのであれば、各省庁はあえて特定秘密に指定することを避け、かつてのように文書を残さないようにして秘密を運用する可能性も想定される。

なお、行政機関が文書化できない情報についても、特定秘密として指定することができ、これは特定秘密の「不存在問題」と呼ばれる。具体的には、①あらかじめ指定はしたがまだ出現していないもの（開発中の暗号技術や情報源からの情報待ち等）、②他機関が保有しているもの、③一つの文書に重複して記載されているもの、④情報が知識（頭の中）に存在するもの、⑤（文書ではなく）物件が存在しているもの、⑥その他、といったように、文書の形では不存在であっても特定秘密は別の形態で存在するという考え方である。例えば日米同盟の密約のように文書に残さなくとも、その情報が担当者の頭の中にあれば、それは特定秘密として指定されることがある。[11]

しかし特定秘密に指定されても、保存期間が1年未満の文書であれば、各省庁の独自判断でこれを破棄することもできる。国会の情報監視審査会の報告書によると、2018年度中に破棄された1年未満文書の数は45万6242件にも上る。[12] その大部分は正本があるため破棄されたのは写しとされるが、歴史研究者からすれば、同じ文書でもどこの部署に何部配られたのか、もしくは写しに手書きで書かれたメモなども重要な情報となるので、写しの重要性は言を俟たないだろう。さらに1万6214件は長期保存の必要性がないとして破棄されている。国会の情報監視審査会はこのような状況に対して、繰り返し改善を訴えている。

罰則規定と秘密の開示制度

特定秘密の指定権限者は行政機関の長、つまりは各省庁の大臣となっており、これは政治主導で秘密を管理・運用していくことを狙いとしている。第3章で触れたように、戦後日本において各省庁の秘密を規定してきたのは事務次官等会議であり、各省庁の秘密はそれぞれの省庁の規定に従って指定、運用、保管されてきた。そこに政治が関与することで、いざという時の説明責任を負う形になる。

特定秘密にアクセスできるのは、各行政機関の長、国務大臣、内閣官房副長官、内閣総理大臣補佐官、副大臣、大臣政務官に限定された。以前は、国会議員の求めに応じて各省庁は秘密に準じるような情報を提供することもあり、また国会議員は日本国憲法第51条により、国会内での発言は免責されるため、議員の口から重要な情報が漏れることもあった。欧米でも議員の免責特権は存在するが、同時に機密を漏洩した議員に対する罰則規定も存在している。特定秘密保護法もこのような欧米の事例を参考としており、基本的には国会議員であっても特定秘密を漏洩した場合は、同法による刑事処罰の対象となるという考えである。[13]

また各行政機関の国家公務員は、職務で機密を扱う必要性に応じて適性評価が行われ、それをクリアすれば特定秘密の取り扱い権限（セキュリティ・クリアランス）が与えられる。クリアランス制度の基本的な考え方は、個人情報を包み隠さず国に提示することにより、国から機密情報へのアクセス権を与えられ、職務の権限が広がる、というものである。

適性評価はおおむね本人の経済や健康状態、外国政府との繋がり、家族、友人関係等を自己申告で提出し、それに基づいて政府機関による身辺調査が行われるが、提出を拒否することも可能である。情報監視審査会の報告書によると、2020年度には政府内に13万4702名の権限保持者がおり、年間2万2987件の適性評価が実施され、3名が個人的理由によって適性評価を受けることに同意していない。[14]

特定秘密保護法の導入によって、特別管理秘密、衛星秘密、防衛秘密、さらには各行政機関の機密が特定秘密として一元管理され、それにアクセスできるのは大臣政務官以上の特別職の政治家と、適性評価をクリアした各省庁の行政官に限定されたため、秘密情報の運用面においては大きな改善が見られる。クリアランスを持つ行政官は「Need to Know（職務上知る必要性）」の原則に基づいて特定秘密にアクセスし、さらに必要があれば「Need to Share（情報共有の必要性）」に応じて、クリアランスを持つ他省庁の行政官や特別職の政治家と特定秘密を共有するという、欧米諸国では日常的に行われていることが初めて可能となった。情報監視審査会の報告書によると、内閣衛星情報センターが収集する衛星画像は特定秘密に指定され、各省庁の要請に応じて提供されているということである。

さらに特定秘密保護法の導入によって、諸外国も日本の秘密保全体制が向上したという認識を持ち、情報のやり取りが進むようになった。特に日米間ではそれまでＧＳＯＭＩＡ等の軍事情報だけだったのが、外交・安全保障から経済・技術情報に至る幅広い分野での秘密情報の共有が可能となり、米国が「シークレット」と指定する文書が、日本では特定秘密に指定されるようになった。[15] 例えば、日米安全保障協議委員会（２プラス２）の共同発表及び日米防衛協力のための指針（ガイドライン）に基づくものを始めとする、日米安保体制の下で行われる日米間の協力に関する検討、確認、協議等の情報は外務省の特定秘密に指定されている。ちなみに米側では「日本に提供してよい秘密（S//REL TO USA, JPN）」と指定して、秘密が提供されている。[16]

この点について外務省の担当者は「特定秘密保護法の制定後、情報提供に関する米国との信頼関係がさらに強化されたと考えている」と発言した（衆議院情報監視審査会『平成30年年次報告書』[17]）。さらに２０１７年９月、河野太郎・外務大臣は記者会見で北朝鮮情勢について、「諸外国から提供された特定秘密に当たる情報も用いて情勢判断が行われたが、特定秘密保護法がなければ我が国と共有されなかったものもあった」と評価している（同『令和2年年次報告書』）[18]。そして米国以外との関係においても、外務省の担当者は「アングロサクソン系以外の国々についても、特定秘密保護法が成立したことにより、情報共有が格段に良くなったと承知している」と証言しており[19]、実際、同法成立後にインド（2015年）、イタリア（16年）、大韓民国（16年）、ドイツ（21年）との軍事情報包括保護協定（GSOMIA）の締結が進んだ。

他方、これまでの特別管理秘密と衛星秘密については、国家公務員法の守秘義務違反を根拠法としており、その罰則規定は1年以下の懲役、又は50万円以下の罰金というものであり、防衛秘密については自衛隊法に基づき、5年以下の懲役というものであった。特定秘密保護法では、「特定秘密の取扱いの業務に従事する者がその業務により知得した特定秘密を漏らしたときは、十年以下の懲役に処し、又は情状により十年以下の懲役及び千万円以下の罰金に処する。特定秘密の取扱いの業務に従事しなくなった後においても、同様とする」（第23条）と故意の情報漏洩に対する罰則規定を重罰化し、漏洩に対する抑止効果を持たせたのである。

さらに特定秘密保護法においては、情報漏洩の教唆（きょうさ）についても罰則規定が設けられ、「教唆し、又は煽動（せんどう）した者は、五年以下の懲役に処する」（第25条）とされた。戦後日本で長らく、機密漏洩の罰則対象は、機密を扱う国家公務員と防衛省・自衛隊に装備品を搬入する一部の契約業者であったのに対し、同法で初めて一般の民間人にも適用されることになった。おそらく教唆について最も影響を受けるのは報道機関であるため、同法への不満が高まるのは当然であろう。しかしながら欧米諸国において機密漏洩はおおむね懲役10年、しかも加重刑となることが多く、過去の情報漏洩のケースでは官民問わず、死刑を含む10年以上の懲役刑が科されていることが多いが、そのことで報道機関が委縮して取材ができなくなるということには繋がっていない。

特定秘密保護法では、秘密の開示制度も明文化されている。これまで各行政機関の文書は、それぞれが独自に管理し、保管年限を超えたものについては廃棄されるのが普通であった。唯一の例外は外交文書である。同文書は30年を目途（めど）に公開されることになっており、外務省においては部内で文書の整備が行われている。

ただし外務省においても、外国から提供されたインテリジェンスや外交暗号に関わる資料等、機微に関わるものや、密約に関わるものは公開しないし、そもそも文書自体を作成していないこともある。１９６０年の日米安保改定時に、米軍の核兵器搭載艦が日本に一時寄港することを日本側が黙認するという「暗黙の合意」がなされている。これら密約は日本政府の非核三原則の「核を持ち込ませず」に抵触するため、合意文書等を残さず、密約としたようである。

それに加え、多くの行政機関では日常的に作成される行政文書のほとんどが廃棄されている現状がある。しかし行政機関が国民の税金によって運営されている以上、文書を残さないことはやはり問題である。そこで特定秘密に指定された文書については、30年の年限を定め、時期が来れば公文書等の管理に関する法律（公文書管理法）第5条5項の規定に基づき、歴史公文書等に該当するものは国立公文書館に移管されることになっている。

特定秘密保護法の導入によって、それまで各省庁の判断で破棄されたり、文書化されなかった文書が管理され、公開に向けて整備されるようになったことは、それなりに評価されるべきであろう。

情報監視審査会、公文書管理監、会計検査院

特定秘密の運用については、国会の情報監視審査会と内閣府の大臣官房独立公文書管理監によって監視されている。情報監視審査会は特定秘密の運用状況を国会で監視するために、2014年6月27日に国会法の一部改正によって定められ、同年12月10日に施行された。小林良樹・明治大学特任教授は、法的根拠を持たない米国の議会監視委員会と比べて、「法律上の根拠を持つ日本の制度は組織の基盤がより強い」と肯定的に評価している。[20]

同会の設置に先立ち、２０１４年1月に衆議院の与野党議員で構成された議会監視等実情調査議員団（団長：中谷元・衆議院議員）が欧米を訪問し、各国の議会監視について見聞を深め、報告書を提出している。[21] 欧米の議会監視院会がそれぞれのインテリジェンス機関の予算の適切な使用や法律の遵守といった活動内容を監視しているのに対して、日本の情報監視審査会は政府の特定秘密の運用状況に特化して監査を行うもので、これは世界的には稀な仕組みといえる。

日本の場合、各インテリジェンス組織は各行政機関の管理下にあるため、一般的に立法機関による監視はそぐわない。しかし特定秘密に関わる事項であれば、委員会は各省庁の具体的な情報活動についても質問することはできる。この点について小林は、「当該制度創設の目的はあくまで特定秘密保護法制度の運用の監視であり、制度の創設にあたり、欧米先進諸国にみられる「議会によるＩＣ〔インテリジェンス・コミュニティ〕に対する民主的統制の機関」としての機能を付与することは明確には意識されていなかった」と、同会の所掌が各省庁のインテリジェンス組織ではなく、特定秘密の監視に限定されていることを説明している。[22]

同会は両院から8名の国会議員が選ばれ、任期は特に定められていないが、おおむね衆議院での平均任期は19・7ヵ月、参議院では17・8ヵ月となっている。[23] 委員は特定秘密へのアクセス権を有しており、必要があれば行政機関の長に秘密の提出を求めることもできるが、日本の安全保障に著しい支障を及ぼす恐れがあれば、拒否もできる（国会法第102条の15）。国会議員である委員はセキュリティ・クリアランスを必要としないが、それは選挙を通じて国民の審判を受けているという判断による。

その代わり、情報監視審査会規程による保護措置が講じられており、特定秘密を他に漏らさない旨の委員の宣誓（第4条）、特定秘密等の漏洩に係る懲罰事犯としての報告等（第31条）、保護措置を講じた情報監視審査室での会議開催（第11条）、会議の原則非公開（第26条）、特定秘密の閲覧制限（第28条）等の規定が定められている。また同審査会の事務方に対しては国家公務員に準じて、適性評価の実施が義務づけられている。

衆議院ではおよそ20日に1回、参議院では28日に1回程度の頻度で審査会が開催され[24]、秘密の概要と期限が記された「特定秘密指定管理簿綴り」をチェックしながら、各省庁の担当者、並びに内閣府大臣官房独立公文書管理監から説明を受けることになる。そして必要があれば特定秘密の提示要請、参考人の国会への招致等によって年次報告書を作成する。報告書は平成27年度から6年分が作成、公開されており、政府の特定秘密をめぐる運用状況を概観できるが、特定秘密に関わる内容については非開示となる。

また秘密情報の開示について、イレギュラーな事案が起きている。2016年12月18日にNHKで放映された「スクープドキュメント　北方領土交渉」の中で、対ロシア交渉について安倍総理と国家安全保障局長、外務審議官、総理大臣秘書官による会議の模様がテレビで放映されているが、外交機密に関わるという理由で番組内の音声はカットされた。これに対して情報監視審査委員はカットされた部分の議事録の提出を求めたが、外務省はＮＨＫ側の手続きが不明瞭という理由で提出を断っている。[25]おそらく情報監視審査会の所掌はあくまでも特定秘密に指定された情報であり、それ以外の秘密については強制的に監視を行うことができないものと見られる。

次に行政府による特定秘密運用管理の制度としては、先述した内閣府大臣官房独立公文書管理監（公文書管理監）がある。公文書管理監は特定秘密保護法附則第９条の規定に基づき、特定秘密保護法施行日の２０１４年12月10日に設置された。公文書管理監の所掌事務は特定秘密の指定手続きと、特定秘密に指定された行政文書が適切に管理されているかを監察することである。具体的な権限は以下の通りである。

①必要があると認めるときは、行政機関の長に対し、特定秘密である情報を含む資料の提出若しくは説明を求め、又は実地調査をする、②行政機関の長による特定秘密の指定及びその解除又は特定行政文書ファイル等の管理が特定秘密保護法等に従って行われていないと認めるときは、当該特定秘密の指定及びその解除をし、又は当該特定行政文書

ファイル等を保有する行政機関の長に対し、当該指定の解除、当該特定行政文書ファイル等の適正な管理その他の是正を求める、③特定秘密の指定及びその解除又は特定行政文書ファイル等の管理が特定秘密保護法等に従って行われていない旨の通報を受理し、必要な調査を行う。

（「特定秘密の指定及びその解除並びに特定行政文書ファイル等の管理について独立公文書管理監等がとった措置の概要に関する報告（令和2年6月19日内閣府独立公文書管理監）」）

公文書管理監は国会の情報監視審査会と同じく、各行政機関から提出される特定秘密指定管理簿の写しに基づいて監察を行う。公文書管理監は内閣府情報保全監察室長も兼務しており、20名程度の職員からなる情報保全監察室が公文書管理官の職務を支えている。また必要があれば特定秘密の写しの提供を受けることも可能であり、行政機関と情報監視審査会の間に立ち、審査会への説明も行う。

当初は情報監視審査会が直接各省庁から特定秘密を取り寄せて監視を行っていたが、徐々に情報保全監察室が対象となる文書の選定基準を示し抽出するようになり、特定秘密の監視において、公文書監理監の重要性が増しているものと見られる。さらに2018年7月27日には、内調から各省庁に対して、独自の判断で破棄できる1年未満文書についても、公文書管理監からの要求があれば、それに協力する旨が通知されている。[26] この通知によって1年未満文書であっても、公文書管理監の監察の対象に含まれるようになった。

また公文書管理監は、保管年限の過ぎた特定秘密が国立公文書館に移管され、そこで公開の手続きを受けているかについても監査することになっている。しかしその監査は行政手続き上のものに限られ、特定秘密の内容を精査し、それが歴史的価値を持つかどうかについては立ち入らない。そのため情報監視審査会の年次報告書では、歴史アーキビスト（学芸員）による確認を行い、当該文書が歴史的価値を持ち、永続的な管理の必要性があるかどうかについて、助言を行う制度設計も提案されている。[27] この点については前例がないため、公文書管理官が定期的に諸外国の機関と意見交換を行い、それぞれの歴史的文書保存制度についての知見を蓄積しているところである。

さらに特定秘密保護法制定時には想定されていなかったことではあるが、会計検査院も予算執行状況を監視するため法律上、必要であれば特定秘密を検査できる立場にある。日本国憲法第90条1項において「国の収入支出の決算は、すべて毎年会計検査院がこれを検査し」と定められているため、特定秘密であっても各省庁はそれを会計検査に諮る必要性が生じる。この点については毎日新聞の指摘を受ける形で、２０１５年12月25日に内調が、特定秘密を保有する省庁に対して通知した「会計検査院に対する特定秘密の提供について」で、提供を求められた場合には特定秘密であっても提出に応じなければならない旨が説明されている。[28]そして2017年1月に会計検査院が陸上自衛隊の装備品を検査する際に、検査官が要求することで初めて特定秘密が提供されている。[29]

2　国家安全保障会議（NSC）と国家安全保障局（NSS）

新たな顧客の誕生

2006年9月、第一次安倍政権は、政治主導かつ機動的な会議の開催を目的とした日本版NSCの設置を表明した。政府は有識者会議である「国家安全保障に関する官邸機能強化会議」を設置し、翌年「安全保障会議設置法等の一部を改正する法律案」を国会に提出しているが、9月の安倍首相退陣によって、この構想は一時的に頓挫している。その後第二次安倍政権は、2013年2月に「国家安全保障会議の創設に関する有識者会議」を設置し、同年12月、「安全保障会議設置法等の一部を改正する法律」によって日本版NSCを誕生させ、翌年1月にはその事務局である国家安全保障局（NSS）を設置した。

インテリジェンス・コミュニティにとって、NSCとNSSの設置は、内閣官房において新たな情報の顧客が誕生したことを意味する。それまで各省庁の情報部門は、内調が主催する合同情報会議に情報を提出し、そこから内閣情報官が総理に報告する、という流れだった。しかしNSSは政策策定のために日々、情報を必要とするため、インテリジェンス・コミュニティからすれば、官邸に加え、NSSにも情報を上げる必要が生じたのである（図5－4）。

しかも、官邸には情報を上げればそれで任務は終了するが、NSSは政策策定のために情報の質を重視するため、それぞれの情報に対する所見やフィードバックが求められることになる。PHP総研の金子将史は、「国家安全保障局が情報カスタマーとして情報部門にきめ細かくフィードバックを行うことにより、情報部門側の情報関心への理解が深まり、情報要求に応えるモチベーションも高まっている」と評価する。[30]

そしてより重要なのが、NSSに提出された情報は、そこで政策ペーパーと組み合わされ、総理や閣僚が出席するNSCで政治的な裁可を得ることになる。このようにNSSに提供する情報は政策決定に直接寄与することから、省庁にとってはNSSを最重要視するところもある。そうなると、インテリジェンス・コミュニティとNSSをどう連携するのかが課題となり、両者の結節点となる内調の役割が増大することになった。

NSS自体は、2014年1月7日に67人体制で発足している。米国版NSCスタッフの

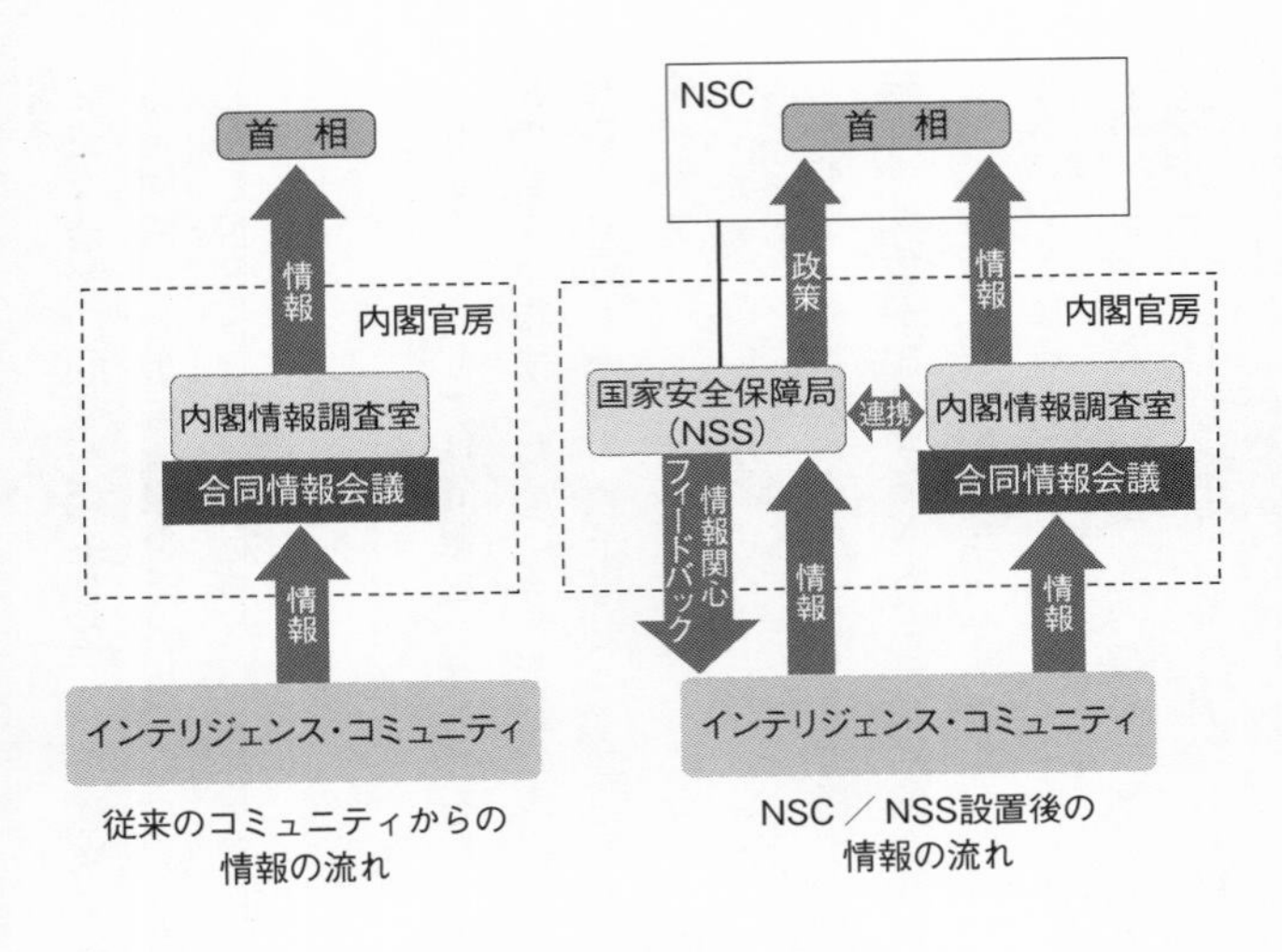

図5－4　NSC/NSS 設置後のインテリジェンス・コミュニティ

数が320名、英国版NSCのスタッフ数が100名強であることを考えると小ぶりである。NSSの任務は、内閣の総合調整権限を有する内閣官房長官の下で役所の縦割りを排し、国家安全保障に関する外交・防衛政策の基本方針等の企画立案、総合調整などを行うとともに、企画立案のために関係省庁に対して情報要求を行うことである。[31]

以前の安全保障会議の事務局は貧弱で、会議の度に内閣官房副長官補を中心とした内閣官房のスタッフがこれに対応しなければならず、定期開催を支えられるような体制ではなかった。しかしNSSの設置によって定期的なNSCの開催や、審議事項の企画立案、またインテリジェンス・コミュニティとの機動的なやり取りが可能となったのである。

NSS設置当時は主に外交安全保障分野の政策策定が期待されたため、それが機能するかどうかは、外務、防衛の情報がNSSに提供され、質の高い政策ペーパーが生産されるかどうかにかかっていた。関係者によると、NSSの設置以降、外務・防衛の関係が劇的に変わったという。

> この半世紀、両省〔外務省と防衛省〕の間では安全保障とインテリジェンスに関わる政策をうまく調整することができなかった。いまやあらゆるレベルにおいて両省はよりよく連携できるようになり、それぞれのカウンターパートが誰なのか、といった形式にこだわることが少なくなった。両省の連携もよりスピーディになってきた。[32]
>
> （サミュエルズ『特務』）

2014年のクリミア危機におけるNSC／NSSの対応を検討したPHP総研の報告書は、この時の様子について以下のように記している。

> 政策判断の根拠となる情報については、通常時同様、情報関係組織から情報班を通じて

国家安全保障局に対して提供される流れが機能した。国家安全保障局が具体的に情報要求し、それに対して情報関係組織が情報提供することも多かった。事務レベルの調整会合を通じて情報関係組織からの情報提供が行われることもあった。国家安全保障局の期待するレベルに達するには各機関がタコツボ的に分析するだけでは不十分であり、異なる組織間である程度情報共有して情報の質を上げる努力が促されたとの見方もある。例えば防衛省はウクライナ情勢の軍事的側面についての情報を相当程度提供したが、にもかかわらずそれだけでは分析に広がりがでず、外務省等他組織が提供する情報と組み合わせることで情勢の立体的な理解が可能になったと担当者の一人は評価している。[33]

（PHP総研「国家安全保障会議検証」プロジェクト「国家安全保障会議――評価と提言」）

ここからわかるのは、NSSにおいて外務と防衛の情報が共有されていることであり、全体としてNSSとインテリジェンス・コミュニティの連携も取れているということであろう。また同時期に特定秘密保護法が整備されたことも大きく、NSSにおける情報共有のためのインフラとして機能したのである。先述したように防衛省の機密は改正自衛隊法で、外務省の機密は国家公務員法で規定されているため、NSSという場だけではお互いの機密を共有することはできない。そのためお互いの機密を特定秘密という形で平準化することで、初めて情報を共有し、分析することができるようになったのである。

内調とNSSの関係

NSC／NSSは国家安全保障会議設置法によって、「必要があると認めるときは、内閣官房長官及び関係行政機関の長に対し、国家安全保障に関する資料又は情報の提供及び説明その他必要な協力をするよう求めることができる」という権限が与えられていることが、インテリジェンス分野での特徴である（「国家安全保障会議設置法」第6条2項）。

つまりNSC／NSSは政策ペーパーを作成するため、日常的に各省庁の情報を要求している。これはNSC／NSSが外交・安全保障分野で、国レベルの情報利用者（カスタマー）であることを明示しており、これに対して内閣情報調査室は各省庁に対する情報集約の法的権限がないため、制度上、内調よりもNSSのほうがインテリジェンス・コミュニティに対するグリップが効くともいえる。

内調は各省庁からの情報を集約することを任務の一つとしている。政策と情報の分離という建前に立脚すれば、各省庁からの情報は内調に一旦集約、分析され、そこからNSSに提供されることになる。しかしNSSが直接各省庁に情報要求を行えるのであれば、やはり内調との役割重複の問題が生じてくる。

ただ関係者によると、内調はインテリジェンスの集約を行い、NSSは各省庁の政策の取りまとめを行う前提であるため、内調とNSSの間で競合関係は生じないという。基本的に内調は、外交安全保障、公安、危機管理等に関わる情報を集約・分析しており、NSSは外務・防衛省等、政策官庁が有する政策立案のための情報を取りまとめている。さらに2020年にはNSSに経済班ができたことにより、財務・経済産業省等の経済安全保障に関わる情報もNSSでまとめるようになった。

そもそもNSC設置をめぐる議論では、政策と情報の分離という観点から盛んに議論が行われていた。国会における菅義偉(すがよしひで)・官房長官の答弁によると、NSSは安全保障政策における企画立案、総合調整が任務であり、情報の集約には関与しない。情報の集約については引き続き内閣情報調査室が行い、政策と情報の分離の原則に基づいて、両者の役割は重複しないということになっている。菅は「情報の収集、分析はその内閣情報室(ママ)で行います。国家安全保障局で行うのはそうした情報を集約するということです」と説明しており(「第185回参議院　国家安全保障に関する特別委員会　第8号」平成25年11月25日)、内調は情報の収集・分析、NSSは各省庁の政策とそれに伴う情報の集約が任務という解釈となる。

例えば2022年2月のロシアによるウクライナ侵攻以降、NSSは日々、ウクライナ情勢についての政策ペーパーを作成している。ここからは想像になるが、NSSは外務省や防衛省、経済産業省等が進める対ウクライナ支援政策や対露経済制裁についての取りまとめが主務となるので、各省庁の政策を集約することになる。その過程で情勢判断が必要となった場合、衛星写真や通信傍受情報といったインテリジェンスを内調に求めるということになる。

米・英との違い

他方、日本がＮＳＣ／ＮＳＳを設置する際に参考とした米英の制度は、それぞれ似ているようで異なる。英国では２０１０年、内閣府にＮＳＣ事務局が設置されると、インテリジェンスを統合して分析する内閣府の合同情報委員会（ＪＩＣ）をＮＳＣ・ＮＳＣ事務局とどのように連動させるかが課題となった。この時の英国政府の対応は、戦略・政策（ＮＳＣ事務局）と情報（ＪＩＣ）を車の両輪とするものである。つまりＮＳＣ事務局長とＪＩＣ議長、ＮＳＣ事務局とＪＩＣを対等な関係とし、両者を統合する場としてＮＳＣを設置したのである。逆にいえばＮＳＣ事務局とＪＩＣは、ともにスタッフ組織として政治レベルのＮＳＣを支えていることになるのである。インテリジェンスとＮＳＣ事務双方の長を務めた経験を持つピーター・リケッツは、「ＮＳＣはもはやインテリジェンスの第一の顧客である」とまで評している。[34]

米国の場合、インテリジェンス・コミュニティの規模が極端に大きいため、ＮＳＣ事務局との連携は長年の課題であった。組織としては事務局の情報分析室に国家インテリジェンスが集約され、そこで分析が行われる制度になっているが、[35]米国のインテリジェンスを束ねる立場にある国家情報長官（DNI）は、定期的に大統領に直接のブリーフィングを行っており、またNSCにも情報アドバイザーとして出席しているため、政策と情報の関係は属人的な要素に左右されやすかった。しかし近年では国家情報官室（ODNI）が米国のインテリジェンス・コミュニティをとりまとめ、政策を担当するNSCの事務局と調整を行うようになり、情報と政策の関係が安定した。米国の場合は、ODNIが政策と情報の連結を取りまとめているといえる。

このように米英両国では、制度的に分離された政策と情報を運用面でいかに上手く統合させるのか、という点を工夫してきたが、どちらも政官の制度に上手く合わせている印象である。日本は両国を参考にしており、NSC／NSSを設置した当初は英国型に近い印象であったが、その後の運用を見ると、米国のように中央情報機関である内調が政策と情報の連携を促す仕組みとなりつつある。

このように内調に求められているのは、NSSからの情報要求を踏まえ、合同情報会議を始めとするインテリジェンス・コミュニティに、政策部門が必要とする情報を周知する、ファシリテーター（舵取り）の役割である。内調は従来の情報収集や分析に加え、情報に関わる省庁横断的な各種会議を運営することで、インテリジェンス・コミュニティに統合力を与え、コミュニティ（情報）とNSS（政策）を結びつけることを任務の一つとしている。

関係者によると、それまで内調が主催する合同情報会議の情報関心はかなり大雑把であったという。かつての合同情報会議は、インテリジェンス・コミュニティの情報を共有する「場」でしかなく、そこでの情報を何らかの形で活用していく発想がなかったためである。

その後、NSC／NSSが設置されたことで、そこから具体的な情報要求が発せられ、それが合同情報会議を通じてインテリジェンス・コミュニティに伝えられる仕組みが整備された。インテリジェンス・コミュニティのほうは、合同情報会議に必要とされるインテリジェンスを提供することで、NSC／NSSや政府高官と情報を共有することができるようになった。そして内調は、この制度を効率的に回していくことで、コミュニティに統合力を与えているといえる。

このような制度は内調のみで運用できるものではなく、NSSとの連携が不可欠となってくる。そのため内調とNSSの担当者は日々、様々なレベルでの会合を開いているという。内閣情報官とNSS局長の両方を経験した北村滋は、内調とNSSの関係は外から見ているとわからないが、NSSが設置されて以降、両者間の協力関係が成り立っている、と説明してくれた[36]（図5－5）。

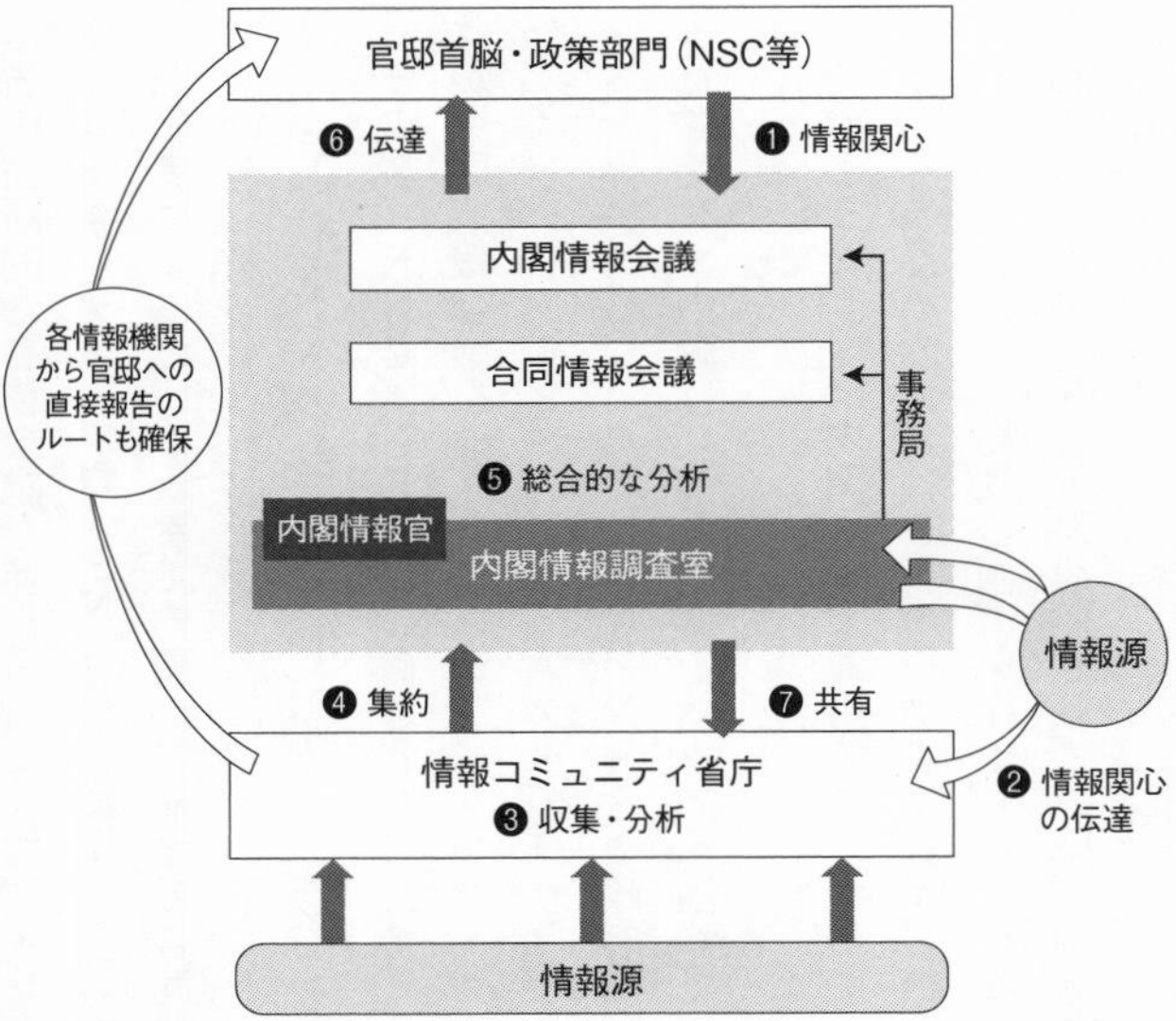

官邸首脳・政策部門（NSC等）
❶ 情報関心
❻ 伝達
内閣情報会議
合同情報会議
事務局
❺ 総合的な分析
内閣情報官
内閣情報調査室
各情報機関から官邸への直接報告のルートも確保
情報源
❹ 集約
❼ 共有
情報コミュニティ省庁
❸ 収集・分析
❷ 情報関心の伝達
情報源

図5－5　内調（情報）とNSC/NSS（政策）の関係
内閣情報調査室のウェブサイトより

内閣官房副長官補や国家安全保障局次長を務めた兼原信克も以下のように書いている。

> これまでは総理に情報が上がっても、総理には指示を下ろす安全保障政策サイドの組織がなかった。今は、政策と情報が両輪となって総理を支えている。これはおそらく、明治以来、初めてのことである。[37]
>
> （兼原『安全保障戦略』）

内閣官房にＮＳＣ／ＮＳＳ

という政策策定のための組織が創られたことで、日本でもようやく政策と情報の連携という点が意識されるようになり、内調が両者の結節点として機能するようになった。つまりNSC／NSSの設置は、インテリジェンス・コミュニティの統合力を強めることに繋がったのである。

3　国際テロ情報収集ユニット（CTU－J）

外務と警察の攻防

2010年以降、海外で邦人がテロに巻き込まれる頻度が増大し、その保護が課題となっていた。2013年1月にはアルジェリアでプラント建設事業を手掛ける日揮の社員10名がイスラム系武装勢力に殺害される事件が生じている。これを受けて安倍総理は、次のように海外におけるテロ情報の収集能力強化の必要性を強調した。

日本の場合は、対外情報機関がない中において、例えば、先般、例として出ましたアルジェリアの件におきましても、これは、イギリスがとった情報において、私どもは電話でキャメロン首相から直接さまざまな情報の提供をいただいたわけでございます。邦人の安全確保等において、そうした情報の収集が極めて重要であろうということは言をまたないわけでございますが、我が国をめぐる安全保障環境が悪化する中、国家国民の安全を守るためには、安全保障や国民の安全に直接かかわる情報の収集が極めて重要であります。（第186回国会　衆議院　予算委員会　第2号　平成26年1月31日）

さらにその後、2015年3月にはチュニジアで邦人3名が、2016年7月にはバングラデシュで邦人7名がテロに巻き込まれ死亡するという事件が起こっている。これら一連のテロの中で日本人に大きな衝撃を与えたのが、2014年にシリアで、ジャーナリストの後藤健二と軍事コンサルタントの湯川遥菜がISIL（アイシル、「イスラム国」）メンバーに拘束され、翌年1月に殺害の様子を記録した動画がインターネット上で公開された事件である。この時、日本政府は事件解決のため、外務省を通じてヨルダン政府やトルコ政府を通じて交渉を行っていた。

外から見ている限り、日本政府の対応は、事態が深刻化してからという印象を受けた。当時、海外における邦人保護は、警察庁の国際テロリズム緊急展開班（TRT－2）が対応にあたった。動画が公開された1月20日以降、同班がシリア周辺国に派遣され、情報収集に努めたが、有益な情報を得ることはできなかったようである。２０１５年５月21日に公表された同事件の検証報告書では、有識者からの指摘として以下のようにまとめられている。

情報収集・分析については、これまでも治安・情報機関を含む各国政府との連携・協力や収集した情報の政府部内での迅速な共有に取り組んできたところであるが、結果として、２０１５年１月20日の動画公開までの期間に、犯行主体等について断定するには至らなかった。収集した情報を的確に分析して事案対応や政策に活用し、また、海外の治安・情報機関とのさらに緊密な関係を構築するためにも、言語・宗教・現地情勢等に精通した専門家の育成・活用をはじめ、情報の収集・集約・分析能力の一層の強化に取り組む必要がある。[38]

（「邦人殺害テロ事件の対応に関する検証委員会　検証報告書」）

このように報告書は平時から海外で情報収集や分析を行い、現地の治安・情報機関とのパイプを構築しながら、有事に備える組織の必要性について指摘している。本報告書を受け、予定を５ヵ月ほど繰り上げる形で、２０１５年12月８日に外務省総合外交政策局内に、国際テロ情報収集ユニット（ＣＴＵ－Ｊ）が設置された。ＣＴＵ－Ｊは平時から海外で情報収集や分析活動を行い、現地の治安情報や邦人が危険に巻き込まれないよう防止するための組織である。また有事には邦人救出の交渉等も担うことがある。

すでに2015年6月1日にインテリジェンス・コミュニティの庇護者であった町村信孝は逝去していたものの、安倍総理と菅官房長官の強い意向を受ける形で、北村内閣情報官がCTU－Jの設置に奔走した。関係者は当時の様子を以下のように語る。

「国際テロ情報収集ユニット」の立ち上げの際、組織の実権をどこが握るかをめぐって、外務省と警察庁の間で激しい攻防があった。結局、最終的には、安倍総理大臣や菅官房長官と関係の深い、北村内閣情報官が主導権を握り、組織のトップのユニット長は、警察庁出身者から出すことに決まった。このときの外務省の恨みはものすごかった。まさにこの瞬間に、この組織が、外務省に籍を置きながら、官邸直轄の組織となることが決まったと言ってもいい。[39]（NHK政治マガジン「知られざるテロ情報機関」）

CTU－Jの任務

こうして北村の主導によって、CTU－Jが設置されることになった。同組織は海外におけるテロ情報の収集に特化しているとはいえ、戦後日本のインテリジェンス・コミュニティが長年求め続けた、初の対外情報機関だと位置づけてよいだろう。対外情報機関の定義は様々だが、筆者はその条件を以下のように考える。

①政策部局から独立し、インテリジェンス機能に特化している
②政策決定者や政府中枢に対して情報を報告する制度が確立されている
③海外での情報収集や工作活動のためのアセット――偽名のパスポートやリスク管理のための防衛要員、本国への情報伝達の安全なライン等を有している
④諸外国の対外情報機関がカウンターパート、対等な関係として認識している
⑤民主主義国家であれば、組織の根拠法を持ち、議会による監視の対象となる

ＣＴＵ－Ｊは警察官僚を長とし、その下に外務省や警察、公安調査庁のテロ専門家１００名ほどが集められている。組織は外務省に置かれているものの、実際の運用は内閣官房に設置された国際テロ情報集約室が担っており、その責任者は内閣官房副長官である。つまり組織は外務省内にありながら司令塔は内閣官房にあり、その情報も内閣情報官を通じて官邸に速やかに報告される仕組みとなっていることから、政策官庁である外務省とは分離された組織であるといえる。外務省を含む関係各省庁と情報を共有する必要がある場合は、内調の国際テロ対策等情報共有センターにおいて情報共有が行われる（図５－６）。

ＣＴＵ－Ｊの約半数弱の人員は、東南アジア、南アジア、中東、北・西アフリカ及び欧州の五つの地域の在外公館に配置されている。世界中の在外公館に派遣され、現地の情報当局

からテロ情報を入手することになるが、基本的には情報交換による収集となっており、自らテロ組織に潜入したり、工作を行うことはないとされる。そのため海外で身分を偽装する必要はそれほどなく、偽名のパスポートの所持も認められていない。

またNHKの取材では、「独自の通信網で海外にいる職員に指示を出したり、職員と連携を取って海外から情報収集を行っている」と、CTU－Jが従来の外交公電のシステムに依拠していないことを示唆している。[40] これは異例のことで、先述のように通常、外務省以外の国家公務員が在外公館に勤務する際は、外務省職員の身分で派遣され、外交情報一元化の原則の下、本省への報告はすべて外交公電で行うことになっている。もしCTU－Jが例外的に独自の通信手段を持っているならば、それは諸外国のインテリジェンス機関に準ずる機能の一つだといってもよい。

テロ情報を扱う警察庁警備局の国際テロリズム対策課や公安調査庁調査第二部との違いは、両者が主に日本国内でテロ情報の収集・分析を行うのに対し、CTU－Jは平時から海外で情報収集活動を行うという点である。また外務省の国際情報統括官組織（IAS）との違いは、国会の情報監視審査委員会で以下のように説明されている。

総合外交政策局の国際テロ情報収集ユニットは、テロ情報に特化して情報収集を行って

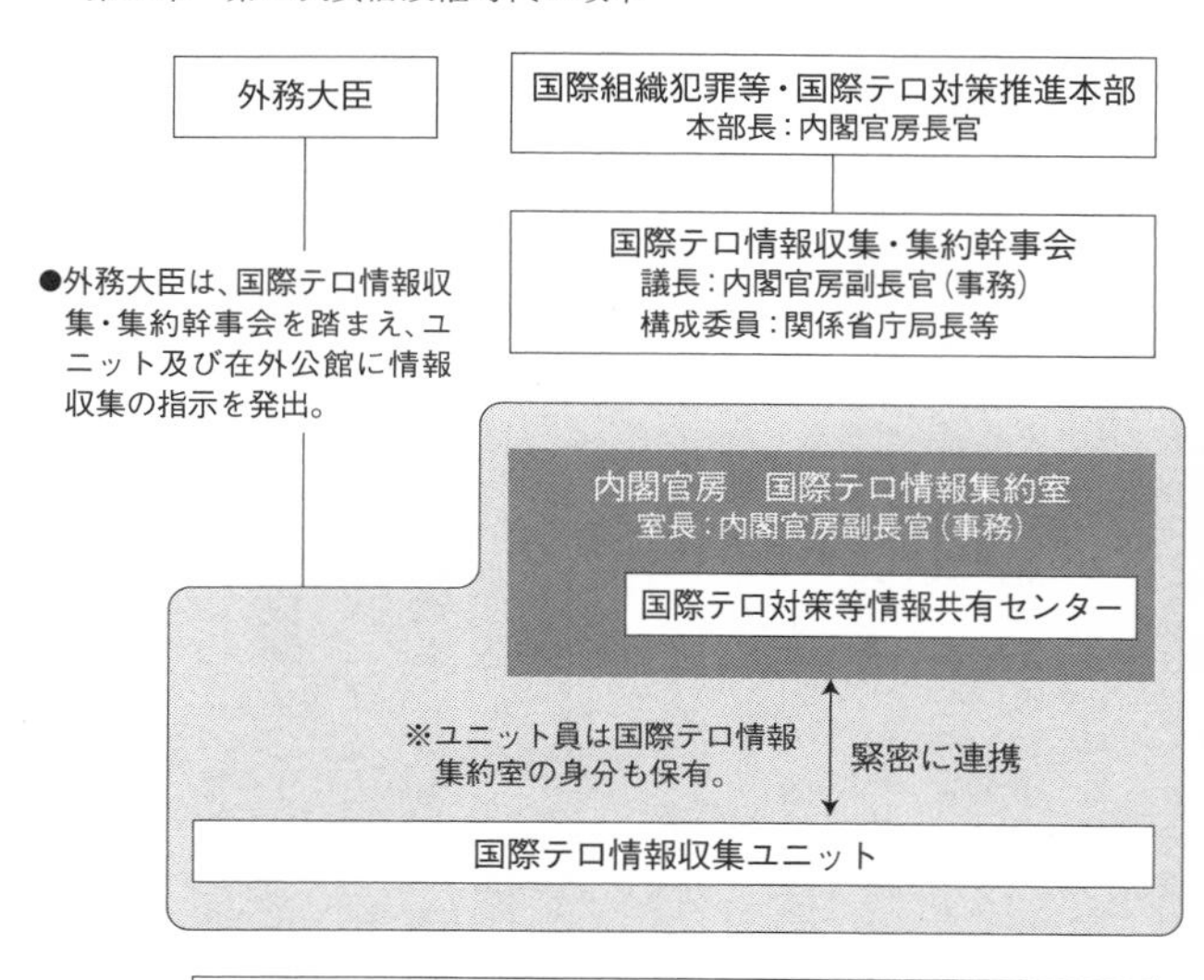

図５－６　外務大臣と内閣官房長官に繋げる形で国際テロ情報収集ユニット（ＣＴＵ－Ｊ）が設置された　内閣情報調査室のウェブサイトより

いる。一方、国際情報統括官組織は、国際情勢に関する情報の収集及び分析を所掌しており、その中に国際テロに関する情報が含まれている。例えば、特定の国や地域におけるテロ活動の状況、背景、テロ組織の動向、目的といった、国際的あるいは地域的な情勢の把握のため必要な情報について、マクロ的観点からの情報収集及び分析を行っている。[41]（「情報監視審査会『令和元年年次報告書』」）

この説明によると、CTU－Jは現地でのテロ情報収集に特化しており、IASは外務省の政策関心に沿う形で、時にはテロ情報を扱う、といった具合であろう。

諸外国の情報機関、治安機関もCTU－Jをテロ情報の分野ではカウンターパートと見なすようになっており、関係者によると日常的に諸外国の機関と情報交換が行われているという。菅官房長官は「我が国においても、二国間の情報交換とか、あるいは多国間のテロ対策会議等へ積極的に参画をする、あるいは諸外国と連携してテロ対策を実施してきております」と説明している（第189回国会　参議院　内閣委員会　閉会後第1号　平成27年12月10日）。

対外情報機関の先駆け

以上のように、CTU－Jは対外情報機関の諸条件をそれなりに備えているといえる。すでに国際情報統括官組織（IAS）を有する外務省にとっては、内閣官房の組織に対して一方的にオフィスや語学要員、外交インフラを提供する形となるが、外務省は政策官庁であるがゆえに、海外でのテロ情報収集を苦手としている。そこでテロ情報収集を専門とする警察や公安調査庁の職員が、外務省の手を借りながら現地で情報収集を行う、という仕組みとなっており、各省庁による協力の産物であるとも指摘できる。ある外務省高官は、「CTU－

Jの創設は海外での邦人保護や情報収集といった観点から、外務省にとっても極めて有益であった」と話しており[42]、外務省としてもそれほど反発しているわけではなさそうだ。

２０１８年10月にはシリアで拘束された安田純平解放の一件で、ＣＴＵ－Ｊは注目を集めることになった。同氏を拘束したとされる過激派組織「シャーム解放委員会」（旧ヌスラ戦線）とのパイプを維持していたのがカタール政府にあるとの判断から、カタール政府を通じて交渉を進めたようである[43]。そして10月23日、カタールに派遣されていたＣＴＵ－Ｊの要員から、拘束されていた安田が解放された旨が伝えられた。この情報は北村内閣情報官を経て、直ちに官邸に伝えられたが、外務省に情報は伝えられていない[44]。

詳しい顚末はいまだ明らかにはなっていないが、菅官房長官は「官邸を司令塔とする国際テロ情報収集ユニットを中心に、カタールやトルコに働きかけた結果だ」と、人質解放の裏でＣＴＵ－Ｊが活躍していたことを仄めかした（「テロ情報組織　活用」『読売新聞』２０１８年10月25日）。ＣＴＵ－Ｊはその情報収集力や交渉力を駆使して海外で誘拐された邦人救出に成功したことで、存在意義を高めることになった。また２０１９年4月21日に発生したスリランカ同時多発テロ（２５９名の犠牲者の内、邦人1名が死亡）の際にも現地にＣＴＵ－Ｊの審議官が派遣され、実行犯に関する情報収集を行っている[45]。

発足時40名程度だったＣＴＵ－Ｊの人員はわずか5年ほどで１００名にまで拡充され、さらに今後は、情報収集の対象がテロ以外にも及ぶことが期待されている。元内閣情報官の三谷秀史は、「CTU－Jは将来の人的対外情報機関のための貴重な萌芽形態だ」と説明してくれた。[46] また同じく内閣情報官を務めた北村も読売新聞のインタビューで、「国際テロ情報収集ユニットは対外情報機関の先駆けといってよい組織ですが、任務がテロ関連の情報収集に限定されています。人員を拡充し、大量破壊兵器の不拡散や経済安全保障関連での情報収集も担わせることを検討しても良いでしょう」と話している（「先端技術は狙われている」『読売新聞』2021年9月12日）。

ただ仮にそうするのであれば、CTU－Jの法的な根拠を確立し、スパイ防止法についても検討する必要性が生じてくる。スパイ防止法は日本国内の外国政府勢力を取り締まるための法体系であるが、外国で拘束・逮捕された我が方のスパイを取り戻す際にも利用される。例えば中国ではスパイ容疑をかけられた邦人が相次いで逮捕され、その数は十数名にも上っているが、現状、日本政府としては拘束された日本人を取り戻す術を有していない。もし日本がそのような法体系を有していれば、日本国内で活動する中国側スパイを取り締まり、中国で拘束された邦人とのスパイ交換が成り立つ。このように我が方の要員を取り戻す仕組みが存在しない以上、国外で行える活動も限定されることになってしまう。

他方、CTU－Jの運用については国会の監視下に置くことも検討されるべきであろう。

特定秘密保護法の監視について定められた2014年の「情報監視審査会設置に関する国会法改正法」では、「我が国が国際社会の中で我が国及び国民の安全を確保するために必要な海外の情報を収集することを目的とする行政機関が設置される場合には、国会における当該行政機関の監視の在り方について検討が加えられ、その結果に基づいて必要な措置が講ぜられるものとする」とあり（衆議院「国会法等の一部を改正する法律案」[47]）、本格的な対外情報機関の設置の際には監視の在り方を検討することが盛り込まれている。

いずれにしてもCTU－Jの設置により、2008年2月に掲げられた「官邸における情報機能の強化の方針」の最後の1ピースである対外情報機関の設置がようやく実現し、同方針内のほぼすべての提言が8年近くの歳月を経て成し遂げられたのである。

まとめ

第二次安倍政権時代には、町村からバトンを受け継いだ安倍総理と北村内閣情報官らによって、本格的なインテリジェンス改革が実現した。それらは特定秘密保護法の導入や、国際テロ情報収集ユニットの設置である。またこの時期に、内閣情報調査室は日本のインテリジェンス・コミュニティにおける中核として機能するようになり、それらの改革を引っ張った。

この時代に内調が機能したのは、2000年代以降の機構改革と安倍政権の政治的後ろ盾、そしてNSC／NSSの設置によって情報と政策の連携が求められたことが大きい。ただ、今後も同じように内調が機能していくかは不明瞭なところがある。そのため北村は著作の中で、内調の改編、拡充強化について論じているが[48]、これは内調の拡大した権限を制度的に固定させることで、今後も内調がコミュニティの中核であり続けることを狙ったものだと考えられる。

おそらく、冷戦期のように内調のコミュニティに対するグリップが効かなくなる、という事態は今後想定しがたいが、北村の時代がそれまでと比べて異例だったということは指摘できよう。

終章

今後の課題

現場レベル

第二次安倍政権の時代に、日本のインテリジェンス・コミュニティは大幅に改革され、「情報が上がる、回る、漏れない」体制に整備されたが、それでも全体としてはようやく諸外国の水準に近づいた、という評価となろう。

本書では、

①なぜ日本では戦後、インテリジェンス・コミュニティが拡大せず、他国並みに発展しなかったのか

②果たして戦前の極端な縦割りの情報運用がそのまま受け継がれたのか

という問いについて、歴史を紐解きながら検討してきた。①については、吉田政権時代の頓挫と、その後の政権がインテリジェンス改革に消極的であったこと、そして冷戦期は独自の外交・安全保障を追求する必要性がなかったため、国として情報が必要とならなかったためだと指摘できる。

②の縦割りの弊害の問題については、戦後しばらく引きずった印象がある。しかし冷戦後

に国家レベルで独自の外交・安全保障をまとめる必要性が生じたため、インテリジェンスを掌る内調に手が加えられた。また運用面においては縦割りの緩和が徐々に進んだ。明確な契機はNSC／NSSの設置であり、内調はNSC／NSSとインテリジェンス・コミュニティを連携させるような運用を通じて、コミュニティの一体感を高めたのである。また第二次安倍政権時代の官邸官僚の台頭は、それまでの「省庁利益代弁者」としての官僚像を払拭することになったとも指摘できる。リチャード・サミュエルズは警察・内調と外務・NSSが従来の縦割りによって対立する様を描いたが、そのようなイメージは、少なくともインテリジェンスの領域では克服されつつある。[1]

終戦直後からのインテリジェンス・コミュニティの歴史を振り返ると、終戦直後に立ち上がった小規模な組織は、まず米国に依拠することによって存続し、その後、吉田政権時代に欧米に準ずるような中央情報機関を立ち上げようとするも、その試みは頓挫した。その結果、権限の弱い内調と小規模な組織が各省庁に分立したのである。内調は自ら対外情報を収集することも、インテリジェンス・コミュニティを取りまとめることもできなかったし、各省庁の情報組織は自分たちの組織内で完結するような縦割りの情報運用を行っていたため、それぞれがコミュニティに所属しているという自覚はなかった。

冷戦が終結すると、日本はようやく外交・安全保障分野で自立することを求められ、各省庁は縦割りのわだかまりを超えて、国家インテリジェンスのための活動を意識するようになった。そこには日本を取り巻く国際環境の激変と、それに危機を感じた政治家や世論の後押しもあった。そしてその原動力を得て、各省庁の細分化された組織は改編・統合され、中央情報機関である内調の権限も強化することで、内閣官房を中心としたインテリジェンス・コミュニティが形成されていった。

そして官邸やNSC／NSSの情報要求に応えるために、組織間の協力も進んだ。おおむね向かう方向は、外交・安全保障政策や危機管理のために、国家レベルでインテリジェンスを運用するというもので、今後もインテリジェンス・コミュニティの一体性というものが重視されていくものと予想される。ただし省庁間の縦割りや縄張り争いが完全に克服されたとはいいがたく、時としてそれが顕在化することもある。

そして今後も様々な改革が想定されるが、以下では若干の私見を述べておきたい。

公開情報とサイバー対策

まず今後、力を入れていくべきは公開情報の収集強化であると考える。公開情報については、第1章で紹介したラヂオプレスがモニタリングサービスとして世界各国のニュースを受信し、それを日本語に翻訳して官公庁や民間企業に提供している。我々がニュースで目にする北朝鮮のニュース映像はラヂオプレスによるもので、過去、北朝鮮の最高指導者である金日成や金正日の死去についていち早く情報を入手している。ただしその予算は10億円程度、モニターしている国の数も30ヵ国未満であり、欧米のモニタリングサービスと比べるとまだ小規模である。有名な英国ＢＢＣのモニタリングサービスだと大体50億円の予算で１５０ヵ国をカバーしているので、[2]拡大の余地はまだあるといえる。

また最近では英国の調査報道ウェブサイト「ベリングキャット」や国際人権ＮＧＯアムネスティ・インターナショナルの「クライシス・エビデンス・ラボ」、英国の非営利団体、情報レジリエンス・センターのように、サイバー空間の公開情報分析に特化し、そこから貴重なインテリジェンスを生み出す組織も出てきている。「ベリングキャット」は、２０１４年7月17日にウクライナ上空で撃墜されたマレーシア航空17便撃墜の真相を探るべく、サイバー空間上の公開情報を丹念に集め、最終的にウクライナ反政府勢力（つまり親ロシア派）の勢力地域に配備されていた、ロシア製地対空ミサイル「ブーク」によって撃墜されたことを突き止め、この情報は捜査当局にも採用されている。

このように、現代では非国家主体であってもサイバー上の公開情報を丹念に分析することによって、貴重なインテリジェンスを生み出すことも可能であるし、ＡＩや自動翻訳の技術によって、サイバー空間における公開情報収集や分析はかなりの可能性を秘めている。また公開情報は官民が協力できる分野でもある。日本でもFRONTEO（フロンテオ）のような民間企業がサイバー空間の公開情報分析を得意としており、民間の能力を活用していくことも有効な手段であろう。

またサイバー空間では、サイバー攻撃を防ぐことも重要なインテリジェンスの任務となる。特に攻撃側がどのような手段を使ったのか、というのは各国の情報組織にとっても貴重な情報となるため、インテリジェンスの観点からのサイバー・セキュリティーという見方は重要になってくるだろう。日本ではサイバーが技術的な領域と見られがちだが、諸外国ではインテリジェンス機関がサイバー・セキュリティーを担当することが普通である。これは通信傍受を行うインテリジェンス機関の技術力が最も高い、という理由に加え、インテリジェンス機関は情報を取りに行くという攻撃側の思考に精通しているため、「どこが狙われるか」「どこを守ればよいか」という発想ができるためである。

またインテリジェンス機関同士であれば、情報を公表することなく内々に共有することが可能であるし、漏洩するリスクも低い。日本政府は２０１５年１月９日、内閣官房に内閣サイバーセキュリティーセンター（ＮＩＳＣ）を設置し、各省庁の担当者が集められている。ＮＩＳＣはどちらかといえばサイバー・セキュリティーのための戦略的な司令塔であり、また総務省や経済産業省等、インテリジェンスからはやや距離のある省庁が主流を占めている。

現場の対応は各省庁の縦割りとなっており、防衛省・自衛隊はサイバー防衛隊、警察は警視庁サイバー攻撃対策センターを始めとする、サイバー対策のための各種組織を設置している。ただこれらの組織は小規模であり、米国のサイバー軍が6200名の規模なのに対して、自衛隊のサイバー防衛隊は300名程度となっている。米軍が自衛隊の6倍程度の規模であることを考慮しても、300名というのは過小な印象である。持永大(もちながだい)らの『サイバー空間を支配する者』によると「自衛隊が現在の約10〔ママ〕倍の規模の1000名のサイバー防衛隊を用意したとしても、民間のほうがサイバー空間に関わる人員数が多いため、情報収集などのインテリジェンスを確保する面で民間企業との協力が必要だろう」と指摘しており[3]、民間企業と協力体制を築き上げていくことも考慮されるべきであろう。

他方、警視庁のサイバー攻撃対策センターは宇宙航空研究開発機構（JAXA）にサイバー攻撃を行ったと見られる中国のハッカー集団、「Tick」の背後に中国人民解放軍の部隊が控えていることを掴み、同部隊によるサイバー攻撃を初めて特定するという実力を示した。さらに警察は国境や県境のないサイバー空間での捜査活動を進めるため、2022年4月には警察庁警備局のサイバー攻撃対策室を新設のサイバー警察局に移動させると同時に、関東管区警察局にサイバー特別捜査隊を設置し、中央集権的にサイバー空間での捜査活動や情報収集活動を行うことになった。現状、日本のサイバー対策は縦割りの状況であり、今後は国として対策を進めていくためにも、国家レベルで統合され、サイバー空間でインテリジェンス活動も行えるような、サイバー・インテリジェンス組織が必要になってくるだろう。

偽情報

サイバー・セキュリティーに加え、サイバー空間に溢れるフェイクニュースや偽情報（ディスインフォメーション）の問題も深刻化している。これはロシア情報機関のお家芸といってもよい分野だが、最近では中国の情報機関も偽情報工作を行うようになっている。

ロシアの情報機関は２０１６年の米大統領選挙に見られるように、ハッキングで抜き取った情報を偽情報で加工し、それをサイバー空間に拡散するのである。同大統領選挙においてはヒラリー・クリントン民主党候補の個人情報が拡散され、1億人以上の米国人がそれを閲覧することになった。その後も欧米や台湾、豪州といった国々の選挙において、中露によるものと見られる偽情報の拡散が確認され、選挙結果が偽情報に左右されかねない危うい状況が続いている。

日本では選挙における偽情報工作はまだ確認されていないが、身近なところだとコロナワクチンの副作用に関する一部の偽情報も中露発だとされており、ネットニュースのコメント欄にも外国勢力によるものと見られる日本語の書き込みが確認されている。もはやサイバー空間における偽情報は看過できない。ただし民主主義国ではサイバー空間における言論の自由が保障されているため、これを法律や行政で取り締まることは難しい。そうなると怪しい情報をＡＩで自動的にブロックしたり、公の機関による事実確認（ファクトチェック）が必要となってくる。

ＥＵでは公式外交機関である欧州対外行動局（ＥＥＡＳ）がこの任を負っており、日本でも政府機関による対策が必要である。偽情報を探し当てて指摘するファクトチェックは、膨大な情報の中から必要な情報を探し出す公開情報収集の対極に位置しているため、インテリジェンス・コミュニティの各組織でそれをチェックして注意喚起を行う、という選択肢もあるだろう。例えば防衛省は２０２２年4月、調査課に「グローバル戦略情報官」を設置し、サイバー空間上の偽情報の収集、分析を行っている[4]。

また先述したベリングキャットやアムネスティ・インターナショナルのような民間団体の公開情報検証能力も飛躍的に向上しており、２０２２年2月のロシアによるウクライナ侵攻に際して、ロシア発の偽情報はことごとく見破られている。また同時期に米英を始めとしたインテリジェンス大国が、機密に基づいた「正しい」情報をあえて公開することで、偽情報が駆逐される現象も起こった。我が国においてもこれらの事例を模範とすべきであろう。

A4用紙1枚の分析ペーパー

他方、日本のインテリジェンス・コミュニティの弱さは、分析能力にあると指摘できる。分析とは、多くのデータや資料を読み込み、それを簡潔な報告書に落とし込む作業である。もちろん各省庁や内閣官房には情報分析のポストがあり、日々数多くの報告書が作成されているが、やや冗長な印象であり、専門的な訓練を受けた担当者は少数だと聞く。資料を読んでそれをまとめるのは、アカデミアの技術でもあるため、少なくとも分析を行うなら国内外の大学院で教育を受けた者が望ましいし、分析に特化したキャリアパスを設ける、というのが理想的である。しかし日本の各省庁ではそこまでして分析官を育成する余裕がなく、分析ポストも長くて3年ぐらいのため、なかなか分析能力が上がらないようである。

また、分析官の求められる報告書はアカデミアのそれとは異なり、多忙な政策部局の担当者や政治家がすぐに目を通せるように、できる限り簡潔な内容でなければならない。とはいえ、人間はどうしても自分の調べたことはなるべく盛り込みたい、という誘惑に駆られるものである。そうなると役所でいうところの「お節盛り（とりあえず数多くの材料を並べる）」や「ホッチキス（雑多な資料をホッチキスで束ねる）」といった分厚い報告書が提出されがちで、これは読む側からすれば労力と時間がかかる。筆者は情報分析で定評のある英国合同情報委員会の分析スタッフから実務の様子を伺ったことがあるが、数週間で膨大な量の資料や情報に目を通し、最後はA4用紙1枚のペーパーにまとめるという。

霞が関の各省庁の仕事は、基本的には法令の作成や解釈といった業務が中心となっており、データや情報を分析し、その情報に基づいて決定するということが日常的に行われていないことも影響している。そして専門家よりもジェネラリストが好まれる傾向があり、分析業務を数年やれば、次は別の部署に配置され、入省してある程度の年限が経てば、今度は管理業務を与えられることになるため、組織の中で分析の専門家が育たないのである。

これに対して米英では、上級職であっても、何十年も地域情勢や通信傍受業務に携われるような、専門家としてのキャリアパスが用意されている。米軍では大佐クラスでも通信傍受やサイバーの最前線で活躍するような例も散見されるが、これは自衛隊ではまず考えられない配置だろう。

さらなる原因は、戦後日本が長らく対外インテリジェンスに積極的に関わってこなかったことも大きい。これまで公安警察や公安調査庁は、国内で特定の人物を定めて情報を収集する、という任務を実行してきた。標的が定まっていれば、そこからなるべくたくさんの情報を取り、それをふるいにかけて選別していくこと（スクリーニング）が合理的となる。しかし外国の政治指導者や軍人、さらには国際情勢そのものが対象となるとそうはいかない。どうしても取れる情報の量が限定されるため、足りない部分は仮説を立て、分析で補わなければばならなくなる。

第3章で大韓航空機撃墜事件について触れたが、米国は傍受した電波情報をもとに、各情報機関の情報を集約して分析を進め、事件発生から12時間後に同航空機がソ連軍によって撃墜されたという事実を導き出した。他方、日本側も決定的な電波情報を入手してはいたが、それを分析するところまでは行わず、あっさりと米国側に情報を提供して終わっている。つまりどれほど重要な情報であっても、それ一つだけでは判断できないため、つねに部分的な情報から全体を類推するような分析体制を構築しておくことが今後必要になってくる。そしてそのためには縦割りを超えた、インテリジェンス・コミュニティ内での情報共有が重要だと繰り返し指摘しておきたい。

警察や公安調査庁も国内でターゲットを定めた情報収集には長けているが、それが国際テロリズムや経済安全保障の分野となると途端に難しくなるのは、やはり分析業務に精通していないためだろう。公安調査庁の和田雅樹長官は経済安保について、「難しいのも事実だ。これまでのように特定の団体をつねに追いかけるわけではなく、企業や大学などの関係者とも新たなネットワークづくりをしていかなければならない」と新たな分野の情報源の開拓について語っている。[5] さらにいえば、問題は収集した情報をどのように選別し、他の情報源とクロスチェックを行い、精度の高い分析をしていくべきか、ということだろう。

戦略レベル——経済安全保障

次に戦略面から必要となるインテリジェンスについて検討したい。近年の安全保障分野は、民生技術と軍事技術間の境目が曖昧になる、経済安全保障の様相が色濃くなってきた。これには国家だけでなく、民間企業との協力が必要になってくる。国家が行うべきことは民間企業の技術開発を援助し、先端技術情報が流出しないようにすることである。

また企業の側も、国との連携という意識を涵養（かんよう）していく必要があるが、まだどちらの側も手探りの状態である。この分野に詳しい國分俊史は、「今の日本において、内閣情報調査室や公安調査庁、警察の公安部が企業と連携してAIや量子暗号といった新興技術の国際標準の方向性を議論することは決してあり得ない」としている[6]。

特定秘密保護法は国家が保持する秘密の保全には有効だが、民間企業や大学、研究機関の持つ技術情報の漏洩を抑止することは難しいため、この分野においてはまず国内のどこに機微な情報があるのかをきちんと調査する必要がある。国家安全保障局次長を務めた兼原信克は、日本経済新聞のインタビューで以下のように語っている。

そもそも政府は、日本が保有する軍事転用可能な「機微技術」の全体像を知らない。

〔中略〕現時点では米国や中国の方が日本の機微技術の全体像に詳しいだろう。自らの機微技術を知らなければ、彼らに何を持っていかれても打つ手がない。政府として、安全保障上の観点からみた日本の機微技術の総体を「知ること」が必要だ。

（『日本経済新聞』２０２０年４月10日）

経済安全保障については、２０２０年４月、国家安全保障局内に経済班が設置されたのを皮切りに、各省庁は同分野に携わる人員を増員している。また20年12月、自民党政務調査会が提言書「「経済安全保障戦略」の策定に向けて」を発表し、22年中に政府は「経済施策を一体的に講ずることによる安全保障の確保の推進に関する法律案」の提出を検討している。同分野においてインテリジェンス組織が果たすべき役割は、やはり機微情報流出の防止であろう。税関による輸出入管理の強化に加え、警察や公安調査庁も国内の技術情報の流出に目を光らせている。また技術情報以外にも、外国政府機関による特定の企業に対する株式支配や、民間企業が外国企業と提携する際の先方企業の調査など、まずは情報収集体制を確立し、それを政策に繋げるような制度を構築していく必要がある。

経済安保分野においては公安調査庁が積極的で、霞が関の各省庁の中で、同分野の増員要求が最も多く、長官直轄のプロジェクトチームを設置して熱心に取り組んでいる。その狙いを和田公安調査庁長官は、「経済安保に関する個別の問題を、関係省庁に情報提供をすることで政策決定に貢献していく。また、経済団体や企業にも技術流出の事例を紹介するなど、各界との連携を強めている」とし、同庁が国と経済界の間に立ってインテリジェンス活動を行っていくことを強調した。[7]

また民間企業における情報保全も検討されるべきであろう。現状、特定秘密保護法におけるクリアランス制度は行政機関の職員と、行政機関と取引のある適合事業者の職員を対象としているが、2020年度の時点で行政機関の職員が13万4702人であるのに対して適合事業者が3403人と、行政機関の職員が大部分を占めている。民間企業の技術情報に携わる職員にも積極的にセキュリティ・クリアランスを適用する、という構想があるが、具体的に範囲を決めるとなるとなかなか難しい。民間といっても企業の外に大学の研究機関等もあり、一括りにはできない。

クリアランス制度に詳しい法政大学の永野秀雄は、大学を所轄する文部科学省に特定秘密を指定する権限がないことと、リベラル志向の強い日本の大学で反対運動が起こる可能性があるため、大学研究機関への特定秘密の適用は難しいと論じている。[8] そうなると国が最先端技術研究の拠点を整備し、そこに人材を集めてクリアランスを適用したほうが現実的だということになるが、この点についてはもっと広く議論すべきだろう。

ファイブ・アイズ

さらに今後、日本のインテリジェンス・コミュニティにとっての大きな課題として、ファイブ・アイズへの加盟がある。ファイブ・アイズとは米英加豪ニュージーランド五ヵ国のインテリジェンス同盟のようなものであり、第二次世界大戦中の米英による通信傍受協力に端を発している。

従来、日本はファイブ・アイズ諸国による通信傍受の対象とされてきたが、近年、中国の脅威が増すと、米英は手のひらを返したように、日本などの同盟国にファイブ・アイズへの参加を促すようになった。2020年には先述した米国のリチャード・アーミテージや、ボリス・ジョンソン元英国首相までが日本に秋波を送り、日本を加えてシックス・アイズにすべきであると発言している。これに呼応するかのように、先述した自民党政務調査会の提言書「「経済安全保障戦略」の策定に向けて」内でも、「わが国自身による情報機能強化に加え、ファイブ・アイズへの参画を含む国際連携の深化やその体制を強化すべきである」と、日本側でも前向きの発言が見られる。[9]

筆者自身は日本がファイブ・アイズに参加することに賛成である。その理由は、世界のインテリジェンスを牽引する諸国と情報を共有できることは、日本の諸政策にとって計り知れない価値があり、日本のインテリジェンスのレベルの向上も期待できるためである。2022年のロシア軍の侵攻に対してウクライナ軍が持ちこたえていられるのは、欧米からの武器や資金援助とともに、機密情報の提供も大きく、改めてインテリジェンスの持つ力を実感させられた。また日本が情報収集衛星によって集めている衛星写真や国内の公安情報、東アジア情勢の分析等は、ファイブ・アイズ諸国にとっても貴重な情報となる。

しかし日米英のインテリジェンス関係者に話を聞いてみると、意外なほど消極的な意見が多い。政治家レベルでは積極的な意見が聞かれるが、現場に行くにしたがって消極的な意見が増えていく、といった具合である。現場の懸念材料は様々挙げられるが、最も多い意見としては、果たして日本のインテリジェンス・コミュニティがファイブ・アイズに寄与できるのか、というものである。

ファイブ・アイズとは元々、通信傍受を核とした協定のため、これに参加するということは、日本も通信傍受を行うことが求められる。現状、日本国内では警察が犯罪捜査のため、厳格な要件の下で司法傍受を行い、防衛省情報本部電波部が諸外国の軍事通信を傍受しているが、日本国内での情報収集を目的とした行政傍受については認められていない。これは日本国憲法の通信の秘密に関わってくる問題であるため、日本が行政傍受の制度を導入することはきわめて難しい。また通信傍受の問題を脇に置いたとしても、日本はファイブ・アイズ諸国が当然のように実施している、サイバー空間でのAIによる情報収集や、それをインテリジェンス・コミュニティ内でリアルタイムに共有するという点についてはまだ発展途上である。兼原信克は、「サイバーインテリジェンス、データ活用の遅れは、インテリジェンス・コミュニティの縦割りの問題と並んで、日本がファイブ・アイズに加入する際の大きな障害になるであろう」と指摘している。[10] そして米英の現場関係者が消極的なのも、そういった日本の現状を熟知しているためであろう。

もう一つの問題として、ファイブ・アイズはインテリジェンス分野のみならず、安全保障や外交分野においても一致団結が求められるということである。冷戦後の日本外交は場合によっては、米国とは距離を置いた政策を選択する場合もあり、必ずしも米国追随というわけではない。しかしファイブ・アイズに参画するということは、情報や外交・安全保障政策において一蓮托生(いちれんたくしょう)ともいうべき対応を迫られる可能性がある。

2018年3月4日、英国・ソールズベリーで、元ロシア連邦軍参謀本部情報総局(GRU)大佐、セルゲイ・スクリパリの毒殺未遂事件が発生した。この暗殺工作を実行したのが、民間人を装って訪英したGRUの工作員であったため(この件もベリングキャットが特定)、ファイブ・アイズ諸国とNATO同盟国29ヵ国が、それぞれのロシア大使館に勤務しているインテリジェンス関係者を「好ましからぬ人物」として国外追放処分とした。その数は世界で153人にも及んだ。

この時、日本はロシアとの平和条約締結交渉の最中であったため、この欧米の動きには同調していない。またファイブ・アイズ諸国は中国に対しても、ファーウェイ問題や香港国家安全維持法の制定に対して共同戦線を張っている。このようにファイブ・アイズ同盟に参加すれば、日本の外交や安全保障政策にある程度の制約がかかるということも覚悟しなければならない。この点についてはもっと議論が行われてもよいように思う。ただし、たとえ日本がファイブ・アイズの枠組みに参加しなかったとしても、今後、諸外国との情報協力は避けて通れない道であろう。

国民への説明責任

そして最後に、インテリジェンスの機能をさらに強化するのであれば、国民への説明責任を考慮していく必要があると指摘しておきたい。インテリジェンスの強化だけでは、それが適切に運用されているのか、国民が監視対象となっていないか、といった点について、コミュニティの透明性の確保や説明責任が重要になってくる。

ただしインテリジェンスの世界では公にできない情報があるのも事実であり、すべて公開すれば国益を棄損する可能性もある。そのため特定秘密保護法制定の際には、国会での議論を踏まえた上で、情報監視審査会や公文書管理監が設置され、今の所、監視は機能しているといえる。

しかしこれらはあくまでも特定秘密そのものを監視するための制度であり、インテリジェンス・コミュニティの各組織の活動をチェックすることはできないし、内調も組織上、内閣官房長官の下にあるが、その活動について官房長官から公に説明されることもない。北村滋は著作の中で「民主的観点から、国民を代表して管理・監督し、国会に対して政治的責任を明確化するという意味において、国会議員の資格を有する担当大臣又は担当補佐官を設置することを検討すべきである」と論じている。[11]

これはインテリジェンス担当の政治家を置くことで、国民への説明責任を果たそうというものである。もちろん立法による監視の制度改革は検討すべきであろうが、まずは何よりも、国民一人ひとりがインテリジェンス分野に対する関心を高めていくことが重要ではないだろうか。

あとがき

本書は戦後日本のインテリジェンス・コミュニティの通史である。この分野の類書は唯一、リチャード・サミュエルズ・マサチューセッツ工科大学教授の『特務』があるのみだ。同書は防衛省・自衛隊と日米同盟を主軸とした内容なので、こちらでは戦後日本のインテリジェンス・コミュニティが、警察（内調）を中心に運用されてきたことを描いた。

ただし、本書はまだ俯瞰図に留まっている。戦後日本のインテリジェンスについての公文書はほとんど残されていないため、今回依拠した資料は、国会議事録、新聞・雑誌記事、二次文献、そして膨大な数の実務家インタビューとなっている。そうなると古い時期ほど資料が残っておらず、詳細を辿ることが困難となる。本来であれば政府の公文書に基づいた研究を進めるべきなのだが、そのようなものは現状、全く整備されていないので、今後は散逸した資料を収集し、それに基づいた実証研究を構想しているところである。

本書は、多くの専門家や実務家の知見、協力なしに書き上げることはできなかった。筆者が日本のインテリジェンスの現状に関心を持ったのは2005年頃だ。本文内でも記したように、PHP総合研究所の提言書、「日本のインテリジェンス体制――変革へのロードマップ」を作成するために、各省庁の実務家や政治家から定期的に聞き取りを始めたのが出発点となる。その際、同研究所の金子将史研究員、国立情報学研究所の北岡元教授、東京工科大学の落合浩太郎助教授らには大変お世話になった。

それ以来、折を見ては実務家との意見交換を繰り返し、これまでに相当量の知見を蓄積することができたのである。そのほとんどは日本や諸外国のインテリジェンス組織で活躍されている方々であり、ここでお名前を出すことはできないが、元内閣情報官の三谷秀史氏と元国家安全保障局長の北村滋氏にはご了承いただけたので、ここで改めて感謝申し上げたい。また2016年に他界された元内閣情報官の大森義夫氏にもお世話になった。拙著に対して、いつも手書きの丁寧な感想を送っていただいたことが忘れられない。今回、ご本人も登場される本書にどのような感想を持たれるのか知りたかったが、今となっては叶わない。自らの遅筆を反省するばかりである。

本書執筆の過程で、貴重な研究発表の機会を与えていただいた情報史研究会の中西輝政・京都大学名誉教授と、諜報研究会の山本武利・早稲田大学名誉教授のご厚意にも感謝申し上げたい。またリチャード・サミュエルズ教授には、ご本人やその著作を通じて、本書執筆への刺激をいただいた。教授はこの分野の類書がないことを、「我々は互いの著作を引用し合うしかないではないか」とユーモアたっぷりに表現してくださっていた。さらに本書の草稿に対して、元実務家の観点からご意見をくださった小林良樹・明治大学特任教授と、法律家の観点からご助言をくださった永野秀雄・法政大学教授にも深謝する次第である。

本書は、中央公論新社の上林達也氏と胡逸高氏の卓越した編集手腕に拠るところも大きい。過去のメールを遡ってみると、最初に上林氏と構想を練ったのが2013年であったことを知り、申し訳なさで一杯になってしまった。それでも何とか出版することができ、はりつめていた心に、ほっと帯をゆるめるような安らかさを覚えている。

2022年7月　三軒茶屋の研究室にて

小谷　賢

略」の策定に向けて」。https://jimin.jp-east-2.storage.api.nifcloud.com/pdf/news/policy/201021_1.pdf

10 兼原『安全保障戦略』、142頁。

11 北村『情報と国家』、32頁。

thinktank.php.co.jp/wp-content/uploads/2016/04/seisaku_teigen20151126.pdf
34 Peter Hennessy, *Distilling the Frenzy* (Biteback, 2012), p. 103.
35 吉崎知典「米国――国家安全保障会議（NSC）」、松田康博編『NSC 国家安全保障会議』（彩流社　2009年）、58頁。
36 北村滋氏インタビュー（2022年1月28日）。
37 兼原『安全保障戦略』、139頁。
38「邦人殺害テロ事件の対応に関する検証委員会　検証報告書」、2015年5月21日、42頁。
39 NHK政治マガジン「知られざるテロ情報機関」（2018.11.21）。https://www.nhk.or.jp/politics/articles/feature/11174.html
40 NHK政治マガジン「知られざるテロ情報機関」。
41 情報監視審査会『令和元年年次報告書』、66頁。
42 外務省インタビュー（2021年4月26日）。
43「解放、過激派に焦りか」『朝日新聞』2018年10月25日。
44 NHK政治マガジン「知られざるテロ情報機関」。
45 情報監視審査会『令和元年年次報告書』、109頁。
46 三谷秀史氏インタビュー（2021年10月28日）。
47 衆議院「国会法等の一部を改正する法律案」、https://www.shugiin.go.jp/internet/itdb_gian.nsf/html/gian/honbun/houan/g18605027.htm
48 北村『情報と国家』、31頁。

終章

1 サミュエルズ『特務』、355頁。
2 House of Commons, "The Future Operations of BBC Monitoring", 25 October 2016. https://publications.parliament.uk/pa/cm201617/cmselect/cmfaff/732/732.pdf
3 持永大他『サイバー空間を支配する者』（日本経済新聞出版社　2018年）、330頁。
4「防衛省、情報戦へ担当新設　中露念頭に分析・発信強化」『産経新聞』2022年2月13日。

5「公安調査庁、経済安保の取り組みを強化　その狙いを長官に聞いてみた」『朝日新聞デジタル』2021年12月23日。
6 國分俊史『経営戦略と経済安保リスク』（日経BP、日本経済新聞出版本部　2021年）、51頁。
7「公安調査庁、経済安保の取り組みを強化　その狙いを長官に聞いてみた」。
8 永野秀雄「米国における科学者・技術者に対するセキュリティクリアランス（上）」『CISTEC Journal』2021.3, No.192., 152頁。
9 自民党政務調査会、新国際秩序創造戦略本部「「経済安全保障戦

11　衆議院情報監視審査会『平成28年年次報告書』、52-57頁。
12　衆議院情報監視審査会『令和元年年次報告書』、39頁。ちなみに令和２年度の年次報告書によると、2019年12月31日の時点で、日本政府が管理する特定秘密の数は485,108件となっている。
13　第186回国会　衆議院　議員運営委員会　第33号　平成26年６月12日。
14　衆議院情報監視審査会『令和２年年次報告書』、15頁。これに対して米国におけるクリアランスの保持者はおよそ125万人と報告されている。Office of the Director of National Intelligence National Counterintelligence and Security Center, "Fiscal Year 2019 Annual Report on Security Clearance Determinations".
15　衆議院情報監視審査会『平成28年年次報告書』、125頁。
16　Counterintelligence and Security Awareness Training Team, "Intelligence Community Classification and Control Markings Implementation".
17　衆議院情報監視審査会『平成30年年次報告書』、86頁。
18　衆議院情報監視審査会『令和２年年次報告書』、26頁。
19　衆議院情報監視審査会『令和２年年次報告書』、68頁。
20　小林良樹『なぜ、インテリジェンスは必要なのか』（慶應義塾大学出版会、2021年）、291頁。
21　第186回国会　衆議院　議院運営委員会第32号　平成26年６月11日。
22　小林『なぜ、インテリジェンスは必要なのか』、300頁。
23　小林『なぜ、インテリジェンスは必要なのか』、296頁。
24　小林『なぜ、インテリジェンスは必要なのか』、295頁。
25　衆議院情報監視審査会『平成28年年次報告書』、114-115頁。
26　内閣官房内閣情報調査室次長「内閣府独立公文書管理監による「特定秘密である情報を記録する保存期間１年未満の行政文書の中に行政文書ファイル管理簿に記載されるべきものがないか」の検証・監察について（通知）」、平成30年７月27日。
27　衆議院情報監視審査会『平成30年年次報告書』、47頁。
28　内閣官房内閣情報調査室次長「会計検査院に対する特定秘密の提供について通知」、平成27年12月25日。
29　「会計検査院　防衛省特定秘密閲覧法施行後初」、『毎日新聞』、2017年12月19日。
30　PHP総研「国家安全保障会議検証」プロジェクト「国家安全保障会議―評価と提言」、2015年11月26日、41頁。https://thinktank.php.co.jp/wp-content/uploads/2016/04/seisaku_teigen20151126.pdf
31　「第185回　参議院国家安全保障に関する特別委員会　第２号」平成25年11月13日（北崎秀一内閣審議官の発言）。
32　サミュエルズ『特務』、347頁。
33　PHP総研「国家安全保障会議―評価と提言」、53頁。https://

41 大森『日本のインテリジェンス機関』、93頁。
42 北村『情報と国家』、29頁。
43 「日本型「スパイ機関」のつくり方」(『中央公論』2013年5月号)、98-100頁。
44 秋田浩之『暗流』(日本経済新聞社出版　2008年)、228頁。
45 北村『情報と国家』、71頁。
46 春原『誕生　国産スパイ衛星』、123頁。
47 「極秘情報とは聞かなかった　田中外相が米国務省の避難先口外を釈明」『朝日新聞』、2001年10月2日。
48 INSS Special Report, "The United States and Japan: Advancing Toward a Mature Partnership", October 11, 2000.
49 第166回国会　参議院　外交防衛委員会　第20号　平成19年6月19日。
50 「自衛隊の国民監視バレた、防衛省「イタい」情報力」『朝日新聞』2007年6月22日。
51 第166回国会　参議院　外交防衛委員会　第17号　平成19年6月7日。

第5章

1 兼原信克『安全保障戦略』(日本経済新聞出版本部　2021年)、129-130頁。
2 北村滋氏インタビュー(2022年1月28日)
3 内閣官房「官邸における情報機能の強化の方針」、平成20年2月14日。https://www.kantei.go.jp/jp/singi/zyouhou/080214kettei.pdf
4 「「尖閣ビデオ問題」海保職員、95%が「支持」」、『産経新聞』、2010年11月19日。
5 秘密保全のための法制の在り方に関する有識者会議「秘密保全のための法制の在り方について(報告書)」、平成23年8月8日。https://www.kantei.go.jp/jp/singi/jouhouhozen/housei_kaigi/pdf/10110808_houkoku.pdf
6 「情報・安全保障機構の中枢を支えた哲学」『Voice』2021年12月号、103頁。
7 民主党ウェブサイト「政府『特定秘密保護法案』と民主党『特別安全保障秘密適正管理法案等3法案』の比較」、2013年11月19日。https://www.dpj.or.jp/article/103555
8 「特定秘密の保護に関する法律」別表。
9 衆議院情報監視審査会『令和2年年次報告書』、44頁。
10 内閣府独立公文書管理監「特定秘密の指定及びその解除並びに特定行政文書ファイル等の管理について独立公文書管理監等がとった措置の概要に関する報告」、平成30年6月22日。https://www8.cao.go.jp/kenshoukansatsu/houkoku/20180622/houkoku.html

13 「「対外情報機関」化を模索する公安調査庁」『ワールド・インテリジェンス　vol.2』(『軍事研究』2006年9月号別冊)、97頁。
14 サミュエルズ『特務』、266頁。
15 サミュエルズ『特務』、365頁。
16 大森『日本のインテリジェンス機関』、37-38頁。
17 「日本のインテリジェンスは米の周回遅れ」『毎日新聞』2022年1月13日。
18 「外交展望」『中国国防報』2005年12月27日。
19 「通信傍受、米が主導(インテリジェンス情報力　自衛隊50年)」『朝日新聞』2004年9月21日。
20 サミュエルズ『特務』、291頁。
21 国見昌宏「情報本部設置、その実体を探る」『セキュリタリアン』458号 (1997)、17頁。
22 黒江哲郎『防衛事務次官冷や汗日記』(朝日新書　2022年)、29頁。
23 「通信傍受、米が主導(インテリジェンス情報力　自衛隊５０年)」『朝日新聞』2004年9月21日。
24 黒江『防衛事務次官冷や汗日記』、31頁。
25 黒江『防衛事務次官冷や汗日記』、29頁、三谷秀史氏インタビュー(2021年10月28日)。
26 サミュエルズ『特務』、243頁。
27 サミュエルズ『特務』、362頁。
28 「ついに誕生!陸自初の総合的・本格的インテリジェンス部隊「中央情報隊」の任務と実像」『ワールド・インテリジェンス　vol.7』(『軍事研究』2007年7月号別冊)、14頁。
29 春原剛『誕生　国産スパイ衛星』(日本経済新聞社　2005年)、140-142頁。
30 春原『誕生　国産スパイ衛星』、71頁。
31 菅沼光弘「情報戦「劣後」国家からの脱出を急げ」『時事評論』2005年11月、4-5頁。
32 西修他『日本の安全保障法制』(内外出版、2001年)、105頁。
33 INSS Special Report, “The United States and Japan: Advancing Toward a Mature Partnership”, October 11, 2000.
34 春原『誕生　国産スパイ衛星』、246-247頁。
35 町村信孝『保守の論理』(PHP 研究所　2005年)、100頁。
36 町村『保守の論理』、102-104頁。
37 サミュエルズ『特務』、265頁。
38 「幻の日本版ＮＳＡ　海外で通信傍受を構想　05年、内閣調査室」『朝日新聞』2013年7月19日。
39 対外情報機能強化に関する懇談会「対外情報機能の強化に向けて」(平成17年9月13日)。
40 黒井文太郎編『日本の防衛7つの論点』(宝島社　2005年)、137頁。

72　市川宗明「日本の情報機関の実態」(『軍事研究』1975年1月)、71頁。
73　塚本『自衛隊の情報戦』、139-140頁
74　Ball and Tanter, US Signals Intelligence activities in Japan 1945-2015: A Visual Guide, p.227.
75　佐藤『情報戦争の教訓』、51-52頁。
76　セイモア・ハーシュ(篠田豊訳)『目標は撃墜された』(文藝春秋　1986年)、122-127頁。
77　第100回国会　衆議院　予算委員会　第1号　昭和58年9月19日。
78　ハーシュ『目標は撃墜された』、199頁。
79　中曽根康弘『中曽根康弘が語る戦後日本外交』(新潮社　2012年)、343頁。
80　「通信傍受、米が主導(インテリジェンス情報力　自衛隊50年)」『朝日新聞』2004年9月21日。
81　第100回国会　衆議院　決算委員会　第2号　昭和58年10月6日。
82　後藤田正晴『情と理』下(講談社+α文庫　2006年)、354頁。
83　春原剛『誕生　国産スパイ衛星』(日本経済新聞社　2005年)119-120頁。
84　第112回国会　参議院　予算委員会　第15号　昭和63年3月26日、警察庁「北朝鮮による拉致容疑事案について」。 https://www.npa.go.jp/bureau/security/abduct/index.html
85　「@ｔｏｋｙｏ　回らない、上がらない、漏れる(日本@世界)」『朝日新聞』2001年10月4日)。
86　金子将史「日本」、小谷賢編『世界のインテリジェンス』(PHP研究所　2007年)、134頁。

第4章

1　大森『日本のインテリジェンス機関』、45-46頁。
2　大森『日本のインテリジェンス機関』、148-149頁。
3　『石原信雄回顧談　第三巻　官邸での日々』(ぎょうせい　2018年)、184頁。
4　北村『情報と国家』、67頁。
5　大森『日本のインテリジェンス機関』、74頁。
6　青木理、梓澤和幸、河﨑健一郎編著『国家と情報』(現代書館　2011年)、190頁。
7　「知られざる『外事警察』の実像」、64頁。
8　野田敬生『CIAスパイ研修』(現代書館　2000年)、151-152頁。
9　野田敬生『公安調査庁の深層』(ちくま文庫　2008年)、105-107頁。
10　青木『日本の公安警察』、132頁。
11　野田『公安調査庁の深層』、100-101頁。
12　青木『日本の公安警察』、233頁。

48 孫崎『日本外交現場からの証言』、68頁。
49 孫崎享「独自の外交戦略があれば情報機能は不可欠になる！」『ワールド・インテリジェンス　vol.2』（『軍事研究』2006年９月号別冊）、82頁。
50 松本『深層海流・現代官僚論』、23頁。
51 「秘密文書等の取扱規程の制定について」公文類聚・第七十八編・昭和二十八年・第三十二巻・褒章、恩給二・文書、統計（国立公文書館蔵）。
52 岸総理大臣第１次訪米関係一件　会談関係（５）日米会談記録 外務省外交史料館　A'.1.5.0.4-3。
53 Christopher Andrew and Vasili Mitrokhin, *The Mitrokhin Archive II*(Allen Lane 2005), p.300.
54 CIA Name Files; https://www.archives.gov/iwg/declassified-records/rg-263-ＣＩＡ-records/second-release-name-files.html
55 スタニスラフ・レフチェンコ『ＫＧＢの見た日本』（日本リーダーズダイジェスト社　1984年）、117頁。
56 松島芳彦「日本再軍備を12年間探る　ラストボロフの後任発覚 旧ＫＧＢの夫婦スパイ」『共同通信』1995年７月16日
57 竹内明「北朝鮮が使う「スパイ術」で、日本の警察組織をかく乱した主婦がいた」。
58 Grigorij Serscikov, "The Spies who came to the East: Soviet illegals in the post-World War II Japan", *Journal of Intelligence History*, February 2022, p.16.
59 平城『日米秘密情報機関』、308頁。
60 広瀬榮一「わが部下・宮永久幸のこと」（『文藝春秋』1980年３月号）、360頁。
61 野口裕之「『宮永スパイ事件』の深層」『ワールド・インテリジェンス　Vol.3』（『軍事研究』2006年11月号別冊）、201-202頁。
62 塚本『自衛隊の情報戦』、214頁、佐々「私を通りすぎたスパイたち』、141頁。
63 内閣官房「特別秘密の保護に関する法律案【主要論点集】」。
64 北村『情報と国家』、71頁。
65 レフチェンコ『ＫＧＢの見た日本』、148頁。
66 「故周恩来首相の“遺書”「ＫＧＢがねつ造」元在日ソ連スパイが米議会で暴露」『毎日新聞』1982年12月２日。
67 レフチェンコ『ＫＧＢの見た日本』、132頁。
68 リチャード・サミュエルズ（小谷賢訳）『特務』（日本経済新聞出版本部　2020年）、200-201頁。
69 名越健郎『秘密資金の戦後政党史』（新潮選書　2019年）、287頁。
70 「妻と不仲離婚寸前」『読売新聞』1976年９月10日。
71 大小田八尋『ミグ25事件の真相』（学習研究社　2001年）、45頁。

23 明石一郎「戦後日本諜報小史」(『軍事研究』1975年1月号)、88-89頁。
24 第75回国会　衆議院　内閣委員会　第24号　昭和50年6月17日。
25 吉原公一郎『謀略列島』(新日本出版社　1978年)、152頁。
26 平城『日米秘密情報機関』、144頁。
27 「通信傍受、米が主導（インテリジェンス情報力　自衛隊50年)」『朝日新聞』2004年9月21日。
28 第75回国会　衆議院　内閣委員会　第21号　昭和50年6月3日。内閣情報調査室長を務めた大森義夫は山口の電波情報への貢献を村井に並ぶものだったと評している。大森『日本のインテリジェンス機関』、38頁。山口室長は元北海道警察本部警備部長、後任の後藤室長は元岩手県警察本部長、さらに後任の阪野室長は元東北管区警察局公安部長、といった具合に、警察官僚が代々の別室長を務めている。
29 第75回国会　衆議院　内閣委員会　第24号　昭和50年6月17日。
30 Williams, *Japanese Foreign Intelligence and Grand Strategy*, p.106.
31 「通信傍受、米が主導（インテリジェンス情報力　自衛隊50年)」『朝日新聞』2004年9月21日。
32 平城『日米秘密情報機関』、144頁。
33 「情報本部　電波傍受どこに歯止め（情報力　自衛隊50年：2)」『朝日新聞』2004年9月21日。
34 「知られざる『外事警察』の実像」『ワールド・インテリジェンス vol.2』(『軍事研究』2006年9月号別冊)、68-69頁。
35 竹内明「北朝鮮拉致問題と背乗り（ハイノリ）　第3回公安警察 vs. 北朝鮮工作員「ナミが出た！」」(2014年9月28日)。https://gendai.ismedia.jp/articles/-/40542?page=3
36 阿部雅美『メディアは死んでいた』(産経新聞出版　2018年)、76頁。
37 菅沼「公安調査庁は何をしてきたか」、138-141頁。
38 広中俊雄『警備公安警察の研究』(岩波書店，1973年)、232-233頁。
39 青木理『日本の公安警察』(講談社現代新書　2000年)、118-139頁
40 外事事件研究会編著『戦後の外事事件』(東京法令出版　1990年)、17-147頁。
41 佐々淳行『金日成閣下の無線機』(読売新聞社　1992年)、21頁。
42 佐々淳行『日本赤軍とのわが「七年戦争」』(文春文庫　2013年) 198頁。
43 菅沼「公安調査庁は何をしてきたか」、140頁。
44 菅沼「公安調査庁は何をしてきたか」、143-145頁。
45 榊久雄インタビュー「昭和40年代　公安調査庁“ソ連班”の活動とは」『ワールド・インテリジェンス　vol.7』、128-136頁。
46 孫崎享『日本外交現場からの証言』(中公新書　1993年)、67頁。
47 孫崎『日本外交現場からの証言』、67頁。

調査庁“ソ連班”の活動とは」、『ワールド・インテリジェンス vol.7』(『軍事研究』2007年7月号別冊)、127頁。
33 大森『日本のインテリジェンス機関』、40頁。
34 詳細は、志垣『内閣調査室秘録』、岸『核武装と知識人』を参照。
35 大森『日本のインテリジェンス機関』、40頁。
36 小林良樹「インテリジェンスと警察」(『講座警察法 第3巻』立花書房 2014年)547頁。

第3章
1 佐藤守男『情報戦争の教訓』(芙蓉書房出版 2012年)、90-91頁。
2 山本舜勝『自衛隊「影の部隊」』(講談社 2001年)、92頁。
3 松本重夫『自衛隊「影の部隊」情報戦』(アスペクト 2008年)、150-151頁。
4 平城弘道『日米秘密情報機関』(講談社 2010年)、142頁。
5 佐藤『情報戦争の教訓』、92頁。
6 黒井文太郎編・佐藤優序説『戦後秘史インテリジェンス』(大和書房 2009年)、40頁
7 佐藤『情報戦争の教訓』、98頁。
8 黒井編・佐藤序説『戦後秘史インテリジェンス』、43頁
9 塚本勝一『自衛隊の情報戦』(草思社 2008年)、213頁。
10 松本『自衛隊「影の部隊」情報戦』、102頁。
11 第77回国会 参議院 予算委員会 第5号 昭和51年4月27日。
12 別班については、「赤旗」特捜班『影の軍隊』(新日本出版社 1978年)、阿尾博政『自衛隊秘密諜報機関』(2009 講談社)、平城弘通『日米秘密情報機関』(講談社 2010年)、石井暁『自衛隊の闇組織』(講談社現代新書 2018年)等を参照。
13 黒井編・佐藤序説『戦後秘史インテリジェンス』、55頁
14 黒井文太郎「日本のアメリカ諜報機関と秘密工作」(『軍事研究』2009年7月号)、215頁。
15 平城『日米秘密情報機関』、182-208頁。
16 「潜水艦 米から要請極秘の任務(情報力 自衛隊50年:3)」『朝日新聞』2004年9月23日。
17 鳥居英晴『日本陸軍の通信諜報戦』(けやき出版 2011年)、60頁。
18 Desmond Ball and Richard Tanter, US Signals Intelligence activities in Japan 1945-2015: A Visual Guide, pp.46-47.
19 Ball and Tanter, US Signals Intelligence activities in Japan 1945-2015: A Visual Guide, pp.46-47, p.79.
20 第75回国会 衆議院 内閣委員会 第21号 昭和50年6月3日。
21 第75回国会 衆議院 内閣委員会 第21号 昭和50年6月3日。
22 「通信傍受、米が主導(インテリジェンス情報力 自衛隊50年)」『朝日新聞』2004年9月21日。

3　有馬哲夫『CIA と戦後日本』(平凡社新書　2010年)、171頁。
4　湯浅博『歴史に消えた参謀　吉田茂の軍事顧問　辰巳栄一』(文春文庫　2013年)、349頁。
5　岸俊光『核武装と知識人』(勁草書房 2019年)、65-66頁。
6　志垣民郎『内閣調査室秘録』(文春新書　2019年)、18頁。
7　大森義夫『日本のインテリジェンス機関』(文春新書　2005年)、36頁。
8　松本『深層海流・現代官僚論』、485頁。
9　Brad Williams, *Japanese Foreign Intelligence and Grand Strategy* (Georgetown University Press 2021), p.66.
10　OGATA, TAKETORA VOL. 1-5, No. 519cd81c993294098d5163e6, CIA Library.
11　有馬『CIA と戦後日本』、196頁。「毎日新聞」1953年 1 月10日。
12　日ロ歴史を記憶する会編『記憶のなかの日露関係』(彩流社　2017年)、211頁。
13　井上正也「吉田茂の中国『逆浸透』構想」(『国際政治』151号 2008年)、44-45頁。
14　松本『深層海流・現代官僚論』、488頁。
15　Makoto Onodera, 7 Jan 1953, RG226, Entry 214, Box. 7, NARA.
16　湯浅『歴史に消えた参謀　吉田茂の軍事顧問　辰巳栄一』、353頁。
17　井上「吉田茂の中国『逆浸透』構想」、46頁。
18　松本『深層海流・現代官僚論』、490頁。
19　日ロ歴史を記録する会『記憶のなかの日露関係』、211頁。
20　松本『深層海流・現代官僚論』、492頁。
21　志垣『内閣調査室秘録』、33頁。
22　江崎道朗『緒方竹虎と日本のインテリジェンス』(PHP 新書　2021年) 395頁。
23　ユーリー・ラストボロフ「日本をこうしてスパイした」(『文藝春秋』1980年 3 月特別号)、127頁。
24　進藤翔大郎「ラストボロフ事件および関・クリコフ事件――戦後日本を舞台とする米ソ情報戦の例として」(『人間・環境学』第 27 巻 2018年)、190頁。
25　ラストボロフ「日本をこうしてスパイした」、119頁。
26　菅沼「公安調査庁は何をしてきたか」、143頁。
27　菅沼「公安調査庁は何をしてきたか」、143頁。
28　佐々淳行『私を通りすぎたスパイたち』(文藝春秋　2016年)、200頁。
29　久住忠男『海軍自分史』(光人社　1987年)、239頁。
30　第28回国会　衆議院　内閣委員会　第 5 号　昭和33年 2 月20日。
31　第28回国会　衆議院　予算委員会　第11号　昭和33年 2 月22日。
32　榊久雄・元近畿公安調査局調査官インタビュー「昭和40年代　公安

注記一覧

まえがき
1　北村滋『情報と国家』（中央公論新社　2021年）、515頁。

第１章
1　有末精三『終戦秘史　有末機関長の手記』（芙蓉書房出版　1987）46頁。
2　鳥居英晴『日本陸軍の通信諜報戦』（けやき出版　2011年）、52頁。
3　Michael Petersen, “The Intelligence That wasn't”, Researching Japanese War Crime Record, (NARA 2006), p.199.
4　J.W.Bennett, W.A.Hobart and J.B.Spitzer, *Intelligence and cryptanalytic activities of the Japanese during World War II.* (Aegean Park Press 1986), pp12-18.
5　有末『終戦秘史　有末機関長の手記』、249頁。
6　ウィロビー『GHQ 知られざる諜報戦』（山川出版社　2011年）、179頁。
7　有馬哲夫『大本営参謀は戦後何と戦ったのか』（新潮新書　2010年）、77頁。
8　Petersen, pp.203-207.
9　ラヂオプレス編集職員募集要項。https://www.aiit-student-assoc.jp/dosokai/wp-content/uploads/2017/06/ ラヂオプレス .pdf
10　「ラジオプレス社に関する件　昭和24年５月」（外交史料館蔵）『アジア歴史資料センター』B17070020100。
11　荻野富士夫『戦後治安体制の確立』（岩波書店　1999年）、21頁。
12　菅沼光弘「公安調査庁は何をしてきたか」（『文藝春秋』1995年11月号）、142頁。
13　外事事件研究会編著『戦後の外事事件』（東京法令出版　2007年）、70頁。
14　広中俊雄『警備公安警察の研究』（岩波書店　1973年）、162-163頁。
15　松本清張『深層海流・現代官僚論』（文藝春秋　1975年）、472頁。
16　丸山昂「外事警察における対諜報機能について」『警察学論集』第９巻３号（1956年３月）、８頁。
17　北村滋「外事警察史素描」（『講座警察法　第３巻』立花書房 2014年）、562頁。

第２章
1　春名幹男『秘密のファイル（下）』（新潮文庫　2003年）、98頁。
2　延禎『キャノン機関からの証言』（番町書房　1973年）、222-234頁。

参考文献

菅沼光弘「情報戦『劣後』国家からの脱出を急げ」(『時事評論』2005年11月)
竹内明「北朝鮮拉致問題と背乗り(ハイノリ)第3回」(『現代ビジネス』2014年9月28日) https://gendai.ismedia.jp/articles/-/40542?page=3
竹内明「北朝鮮が使う「スパイ術」で、日本の警察組織をかく乱した主婦がいた」(『現代ビジネス』2017年11月5日) https://gendai.ismedia.jp/articles/-/53412
永野秀雄「米国における科学者・技術者に対するセキュリティクリアランス(上)」(『CISTEC Journal』2021.3, No.192)
日本の対外情報機能強化に関する懇談会「対外情報機能の強化に向けて」(平成17年9月13日)
PHP総研「日本のインテリジェンス体制―変革へのロードマップ」(2006年6月19日)
PHP総研「国家安全保障会議検証」プロジェクト「国家安全保障会議―評価と提言」(2015年11月26日)
長谷川優也「旧陸軍の秘密書類管理制度と終戦前後の文書焼却」『軍事史学』(第56号1号 2020年6月)
広瀬榮一「わが部下、宮永久幸のこと」(『文藝春秋』1980年3月号)
松島芳彦「日本再軍備を12年間探る　ラストボロフの後任発覚 旧KGBの夫婦スパイ」(『共同通信』1995年7月16日)
丸山昴「外事警察における対諜報機能について」(『警察学論集』第9巻3号　昭和31年3月)
ユーリー・ラストボロフ「日本をこうしてスパイした」(『文藝春秋』昭和55年3月特別号)
『ワールド・インテリジェンス vol.1』(『軍事研究』2006年7月号別冊)
『ワールド・インテリジェンス vol.2』(『軍事研究』2006年9月号別冊)
『ワールド・インテリジェンス vol.3』(『軍事研究』2006年11月号別冊)
『ワールド・インテリジェンス vol.7』(『軍事研究』2007年7月号別冊)
『ワールド・インテリジェンス vol.8』(『軍事研究』2007年9月号別冊)
Grigorij Serscikov, “The Spies who came to the East: Soviet illegals in the post-World War II Japan”, (Journal of Intelligence History, February 2022)
INSS Special Report, “The United States and Japan: Advancing Toward a Mature Partnership”, (National Defense University Press October 11, 2000)

Independent Publshing 2015)
Peter Hennessy, *Distilling the Frenzy* (Biteback 2012)
Andrew Oros, *Normalizing Japan* (Stanford University Press 2008)
Jeffrey Richelson, *The US Intelligence Community, 7th*, (Routledge 2019)
Brad Williams, *Japanese Foreign Intelligence and Grand Strategy* (Georgetown University Press 2021)

論文・雑誌記事、提言書等

明石一郎「戦後日本諜報小史」(『軍事研究』1975年1月)
井上正也「吉田茂の中国『逆浸透』構想」(『国際政治』2008年　2008巻151号)
NHK政治マガジン「知られざるテロ情報機関」(2018年11月21日) https://www.nhk.or.jp/politics/articles/feature/11174.html
市川宗明「日本の情報機関の実態」(『軍事研究』1975年1月)
外務省対外情報機能強化に関する懇談会「対外情報機能の強化に向けて」(2005年9月13日)
金子将史「事実上の意思決定の場になるかが成功の鍵」『社会変革プラットフォーム 変える力』(2013年12月13日) www.kaeruchikara.jp/article/939/
河野太郎、馬淵澄夫、山内康一「日本型『スパイ機関』のつくり方」(『中央公論』2013年5月号)
北村滋(金子将史インタビュー)「情報・安全保障機構の中枢を支えた哲学」(『Voice』2021年12月号)
国見昌宏「情報本部設置、その実体を探る」(『セキュリタリアン』458号 1997年)
黒井文太郎「日本のアメリカ諜報機関と秘密工作」(『軍事研究』2009年7月号)
黒井文太郎編『日本の防衛7つの論点』(宝島社 2005年)
小林良樹「インテリジェンスと警察」、(『講座警察法　第3巻』立花書房 2014年)
自民党国家の情報機能強化に関する検討チーム「国家の情報機能強化に関する提言」(2006年6月22日)
自民党政務調査会『「経済安全保障戦略」の策定に向けて』(2020年12月22日　) https://jimin.jp-east-2.storage.api.nifcloud.com/pdf/news/policy/201021_1.pdf
情報機能強化検討会議「官邸における情報機能の強化の方針」(2008年2月14日)
進藤翔大郎「ラストボロフ事件および関・クリコフ事件―戦後日本を舞台とする米ソ情報戦の例として」(『人間・環境学』第27巻　2018年)
菅沼光弘「公安調査庁は何をしてきたか」(『文藝春秋』1995年11月号)

西修他『日本の安全保障法制』（内外出版　2001年）
日ロ歴史を記録する会『記憶のなかの日露関係』（彩流社　2017年）
野田敬生『ＣＩＡスパイ研修』（現代書館 2000年）
野田敬生『公安調査庁の深層』（ちくま文庫　2008年）
セイモア・ハーシュ（篠田豊訳）『目標は撃墜された』（文藝春秋　1986年）
花井等、木村卓司『アメリカの国家安全保障政策』（原書房　1993年）
春名幹男『秘密のファイル』（新潮文庫　2000年）
エリオット・ヒギンズ（安原和見訳）『ベリングキャット』（筑摩書房　2022年）
平和・安全保障研究所編『アジアの安全保障2014-2015―再起する日本　緊張高まる東、南シナ海』（朝雲新聞社　2014年）
日高巳雄『軍機保護法』（羽田書店　1937年）
平城弘通『日米秘密情報機関』（講談社　2010年）
檜山良昭『暗号を盗んだ男たち』（光人社　1993年）
広中俊雄『警備公安警察の研究』（岩波書店　1973年）
福島弘『日本近現代刑事法史』（中央大学出版部　2018年）
福山隆『防衛省と外務省』（幻冬舎　2013年）
孫崎享『日本外交現場からの証言』（中公新書　1993年）
孫崎享『日本の「情報と外交」』（ＰＨＰ新書　2013年）
町村信孝『保守の論理』（PHP 研究所　2005年）
松田博康『NSC 国家安全保障会議』（彩流社　2009年）
松本重夫『自衛隊「影の部隊」情報戦』（アスペクト 2008年）
松本清張『深層海流・現代官僚論』（文藝春秋　1973年）
松本政喜『そこに CIA がいる』（太田書房 1971年）
持永大他『サイバー空間を支配する者』（日本経済新聞出版　2018年）
山本舜勝『自衛隊「影の部隊」』（講談社　2001年）
湯浅博『歴史に消えた参謀　辰巳栄一』（文春文庫　2013年）
吉田則昭『緒方竹虎と CIA』（平凡社　2012年）
吉野準『情報機関を作る』（文春新書　2016年）
吉原公一郎『謀略列島』（新日本出版社　1978年）
スタニスラフ・レフチェンコ『ＫＧＢの見た日本』（日本リーダーズダイジェスト社　1984年）
Christopher Andrew and Vasili Mitrokhin, *The Mitrokhin Archive II* (Penguin 2018)
Desmond Ball and Richard Tanter, *US Signals Intelligence activities in Japan 1945-2015: A Visual Guide*
J.W. Bennett, W.A. Hobart and J.B. Spitzer, *Intelligence and cryptanalytic activities of the Japanese during World War II* (Aegean Park Press 1986)
Edwin Drea, Greg Bradsher, Robert Hanyok, James Lide and Michael Petersen, *Researching Japanese War Crime Record*, (Createspace

外事事件研究会編著『戦後の外事事件』（東京法令出版　2007年）
兼原信克『安全保障戦略』（日本経済新聞出版　2021年）
岸俊光『核武装と知識人』（勁草書房 2019年）
北村滋『情報と国家』（中央公論新社　2021年）
北村滋『経済安全保障』（中央公論新社　2022年）
久住尾忠男『海軍自分史』（光人社　1987年）
黒井文太郎『日本の情報機関』（講談社　2007年）
黒井文太郎（編著）『謀略の昭和裏面史』（宝島社　2007年）
黒井文太郎（編）・佐藤優（序説）『戦後秘史インテリジェンス』（大和書房 2009年）
黒江哲郎『防衛事務次官冷や汗日記』（朝日出版　2022年）
ラインハルト・ゲーレン（赤羽龍夫監訳）『諜報・工作』（読売新聞社 1973年）
國分俊史『経営戦略と経済安保リスク』（日本経済新聞出版　2021年）
後藤田正晴『情と理』（講談社　2006年）
小谷賢『日本軍のインテリジェンス』（講談社　2007年）
小谷賢（編著）、中西輝政（まえがき）『世界のインテリジェンス』（PHP 研究所　2007年）
小林良樹『インテリジェンスの基礎理論（第二版）』（立花書房　2014年）
小林良樹『なぜ、インテリジェンスは必要なのか』（慶應義塾大学出版会　2021年）
イワン・コワレンコ（津田彰訳）『対日工作の回想』（文藝春秋 1996年）
佐々淳行『金日成閣下の無線機』（読売新聞　1992年）
佐々淳行『日本赤軍とのわが「七年戦争」』（文春文庫　2013年）
佐々淳行『わが上司後藤田正晴』（文春文庫　2002年）
佐藤守男『情報戦争の教訓』（芙蓉書房出版　2012年）
リチャード・サミュエルズ（小谷賢訳）『特務』（日本経済新聞　2020年）
志垣民郎（岸俊光編）『内閣調査室秘録』（文春新書　2019年）
信田智人『冷戦後の日本外交』（ミネルヴァ書房　2006年）
柴山太『日本再軍備への道』（ミネルヴァ書房　2010年）
春原剛『誕生　国産スパイ衛星』（日本経済新聞社　2005年）
手嶋龍一、佐藤優『公安調査庁』（中公公論新社　2020年）
手嶋龍一、佐藤優『インテリジェンス　武器なき戦争』（幻冬舎　2006年）
塚本勝一『自衛隊の情報戦』（草思社 2008年）
鳥居英晴『日本陸軍の通信諜報戦』（けやき出版 2011年）
中曽根康弘『中曽根康弘が語る戦後日本外交』（新潮社2012年）
名越健郎『クレムリン秘密文書は語る』（中央公論新社　1994年）
名越健郎『秘密資金の戦後政党史』（新潮選書　2019年）

参考文献

公文書等

アジア歴史資料センター
外務省外交史料館
外務省
経済産業省
警察庁
国会議事録
国立公文書館
衆議院情報監視審査会
内閣官房
内閣府
米国国立公文書館
米中央情報庁資料館
防衛省

著作等

阿尾博政『自衛隊秘密情報機関』(講談社　2009年)
青木理『日本の公安警察』(講談社　2000年)
青木理、梓沢和幸、河崎健一郎編著『国家と情報』(現代書館　2011年)
「赤旗」特捜班『影の軍隊』(新日本出版社　1978年)
秋田浩之『暗流』(日本経済新聞　2008年)
阿部雅美『メディアは死んでいた』(産経新聞出版　2018年)
有末精三『有末機関長の手記』(芙蓉書房出版 1987年)
有馬哲夫『ＣＩＡと戦後日本』(平凡社　2010年)
有馬哲夫『日本テレビとＣＩＡ』(新潮社　2006年)
有馬哲夫『大本営参謀は戦後何と戦ったのか』(新潮社　2010年)
石井暁『自衛隊の闇組織』(講談社現代新書　2018年)
石原信雄回顧談編纂委員会『石原信雄回顧談』(ぎょうせい　2018年)
C. A. ウィロビー(延禎(監修, 原著), 平塚柾緒(編集))『GHQ 知られざる諜報戦』(山川出版社　2011年)
延禎『キャノン機関からの証言』(番町書房　1973年)
江崎道朗『緒方竹虎と日本のインテリジェンス』(PHP 新書　2021年)
大小田八尋『ミグ25事件の真相』(学研プラス　2001年)
大森義夫『日本のインテリジェンス機関』(文春新書　2005年)
荻野富士夫『戦後治安体制の確立』(岩波書店　1999年)
落合浩太郎(編著)、中西輝政(まえがき)『インテリジェンスなき国家は滅ぶ』(亜紀書房　2011年)

図版作成　ケー・アイ・プランニング

小谷 賢（こたに・けん）

1973年京都府生まれ．立命館大学卒業，ロンドン大学キングス・カレッジ大学院修士課程修了．京都大学大学院博士課程修了．博士（人間・環境学）．英国王立統合軍防衛安保問題研究所（RUSI）客員研究員，防衛省防衛研究所戦史研究センター主任研究官，防衛大学校兼任講師などを経て，2016年より日本大学危機管理学部教授．

著書『日本軍のインテリジェンス』（講談社選書メチエ，第16回山本七平賞奨励賞）
『インテリジェンス』（ちくま学芸文庫）
『インテリジェンスの世界史』（岩波現代全書）
『日英インテリジェンス戦史』（ハヤカワ文庫NF）

訳書『CIAの秘密戦争』（マーク・マゼッティ，監訳，早川書房）
『特務』（リチャード・J・サミュエルズ，日本経済新聞出版）

日本インテリジェンス史
中公新書 2710

2022年8月25日初版
2024年2月5日5版

著 者 小谷 賢
発行者 安部順一

本文印刷 三晃印刷
カバー印刷 大熊整美堂
製 本 小泉製本

発行所 中央公論新社
〒100-8152
東京都千代田区大手町 1-7-1
電話 販売 03-5299-1730
編集 03-5299-1830
URL https://www.chuko.co.jp/

Published by CHUOKORON-SHINSHA, INC.
Printed in Japan ISBN978-4-12-102710-8 C1231

中公新書

現代史

f 2